新裝版

3 小時讀通

基礎

基礎から学ぶ
機械製図

機械製圖

門田和雄 著　臺灣大學
機械工程學系副教授

衛宮紘 譯　蘇偉僑 審訂　世茂出版

序

　　從機械設計到機械製作，過程中肯定會碰到形形色色的圖面。若無法利用圖面正確地呈現欲製作的機械零件形狀，就不曉得該從何著手製造。尤其是製作物件時，設計與製作多半由不同人負責，向他人傳達欲作物件的構圖，是非常重要的環節。即使設計與製作由同一人進行，將複數機械零件組成1台機具時，若沒有明確指示各零件的製作尺寸，後續也可能會碰到問題。如果每次加工都得配合現有物件修正形狀，會浪費許多不必要的時間。為了提高作業效率，我們需要學習機械製圖，描繪適切的設計圖。

　　過去的機械製圖，一般使用鉛筆或者自動鉛筆搭配尺規來繪圖。機械系、建築系的學生、多是在可與製圖板保持平行的製圖桌上，跟圖面奮鬥，再將製圖用紙捲成圓柱狀，裝入製圖筒帶著走。

後來，電腦支援設計的CAD（Computer Aided Design）問世，以2D CAD從事2維作圖，再以3D CAD完成物件的立體構圖。近年，原本高價難以入手的3D CAD逐漸降低價格，免費軟體也開始增加。最近當紅的3D列印機，對3D CAD的普及有極大的貢獻。

學習機械製圖，應該從徒手繪製開始，還是從2D CAD或者3D CAD著手？這問題一直爭議不休。本書的定位，在於活用今後將愈加普及的製圖工具3D CAD。然而，若在完全沒有2D CAD的背景知識下學習3D CAD，仍然有其困難度。由於接觸機械製圖工具時，尚有許多地方需要用到2D CAD，因此需要具備2D CAD的基礎知識。

本書不個別講述2D CAD與3D CAD，主要著墨3D CAD的運用，並穿插相關的2D CAD內容。

另外，關於本書使用的3D CAD，第1章、第2章是使用近年被評為免費且容易上手的「Fusion 360」；第3章以後是使用在機械領域廣泛使用的3D CAD為達梭系統所開發的Solid Works。Fusion 360在2015年11月開放免費使用。Solid Works需要收費。雖有體驗版可以試用，然而，本書的宗旨

不在詳細介紹這些3D CAD的使用方式，而是將重點放在讓尚未接觸過3D CAD的人，也能夠了解機械製圖的實際繪製方法。

　　機械製圖並非單純地繪製圖形，而是需要結合機械設計、機械製造等廣泛知識與技術的高階作業。研讀前作《3小時讀通基礎機械設計》、《3小時讀通基礎機械製造》，再翻閱本書《3小時讀通基礎機械製圖》，相信讀者能從中習得完整的機械知識。

2015年12月　門田和雄

CONTENTS

3小時讀通基礎機械製圖

想要依照設計圖製造物件，關鍵就在如何製圖！

機械設計　　機械製造

銜接設計與製造的關鍵！

CONTENTS

第1章
開始機械製圖

　　製造的第一步，就是用圖面表現物件。本章會先大致瀏覽「機械製圖」所需的相關知識，並體驗3D CAD的基本操作。

什麼是機械製圖？

○ 機械設計與機械製造的溝通橋樑

機械的定義為「供給某種能量後，以某種機置執行特定動作，完成有效率作業的機具」。為了實現人類構想的機械，必須依循**機械設計→機械製圖→機械製造**的順序進行作業。

機械設計需考量欲製作物件的結構與強度，選擇使用的齒輪、螺絲等**機械元件**，再從市售的制式規格中選用元件。若為原創的機械零件，則需通過機械製造，對金屬板、棒材進行各種加工。介於機械設計與機械製造之間的機械製圖，又是如何作業呢？

機械製圖是在機械工程領域使用的**製圖**。製圖分為以1張圖紙表示1樣部件的**零件圖**，與顯示結合數個零件的**組合圖**。機械製圖與單純的素描、插圖不同，**日本工業規格（JIS）**中詳細規範了標註法。JIS機械製圖的相關規範，收錄於《JIS B 001 機械製圖》。

將機械設計的結果表示成機械製圖，才能正確傳達出去。將零件圖送至加工工廠，便能利用各種工具機加工零件。若機械設計者以自己的規則繪圖，機械製造者反而會不曉得尺度、形狀等細節。

　　藉由事先統一機械製圖相關的標註法，讓學過此標註法的人皆能讀懂製圖，作業效率便能大幅提升。如同學會英語會話，我們便能夠與世界各地的人溝通談話，同理，事先習得機械製圖，我們便能藉由圖面與世界各地的人進行交流。

　　本書會根據前作《3小時讀通基礎機械設計》學到的設計法，與《3小時讀通基礎機械製造》學到的製造法，說明機械製圖上的相關知識。

○ 數位製造不可或缺的機械製圖

　　近年，**3D列印機**等數位工具機風起雲湧，愈來愈多人投入數位製作。然而，數位製作需要製作物件的**數位資料**。換句話說，若無法作成數位資料，就只能仰天長歎。

　　過去的人們可能到這邊就選擇放棄，但現在，作成數位資料的軟體變得愈加便宜，再加上免費使用的軟體釋出，只需經過一番努力熟習操作，自己也能製作新穎的作品。雖然用於3D列印輸出、形狀簡單的數位資料，或許不適合稱作機械製圖，但在將零件組成會動的物件，或使用螺絲、齒輪等機械元件時，就需要機械製圖的知識與技能。

　　接下來就讓我們透過物品製造工科大學的課程，一同學習機械製圖吧。

圖1　物品製造工科大學的外觀（示意圖）

我是主修機械的大二生，機械男。我喜歡動手製作東西，正在學習多種知識。我非常喜歡機械設計和機械製造，從中了解到自行製作東西時，機械製圖的知識和技能也是不可欠缺的。為了嘗試學校最近導入的3D列印機，輸出自己的作品，我想努力學習3D CAD，還請各位多多指教。

機械男

電子女

我是主修電子的大二生，電子女。我熱愛跟電有關的知識，修過電路和電磁學等課程。因為想要製作水下機械手臂，和機械男一樣加入機械人研究社。我在學習機械設計、機械製造的過程中發現，想要自行製作物件的話，果然需要像學長姐一樣熟練3D CAD才行。雖然我主修的是電子，但我會認真學習的，還請各位多多指教。

◯ 新學期的升學指導

今天是二年級生新學期的開學日，學生們集合於大禮堂。入學時潔白的工作服如今也沾滿了油污，學生們稍微看起來有模有樣了。

在暑假期間，為水下機械手臂競賽的獲勝隊伍進行了表彰儀式。在上學期學習機械設計與機械製造的學生們，終於要在這學期正式接觸機械製圖。機械男與電子女也以全新的心情迎接新學期的到來。

技術教授

各位早安！我是技術推廣處的處長，技術教授。接續上學期的機械設計和機械製造，新學期即將接觸機械製圖。結合這三項學科，各位便能夠製作自己想要的物件。期望各位能確實學習相關的知識與技術，將來成為優秀的工程師。接下來請仔細聽說明，積極了解今後的學習內容。

嘗試3D CAD

技術教授：接下來，我們要開始機械製圖的課程。這邊有許多需要記住的機械製圖規範，請大家慢慢把這些記起來吧。今天想先讓各位體驗3D CAD，請大家移動至電腦教室。各位可能會問：「3D CAD很難吧？」但今天只是接觸最基本的操作，一點都不困難。

　　但是，如果不仔細聽操作步驟的話，中途可能會不知道該怎麼進行，請各位要確實記住各項操作。CAD不容許模糊不清的操作，如果碰到不懂的地方，趕緊向旁邊的助教詢問，了解後再繼續作業。

　　首先，請大家繪製圖1的圖形。

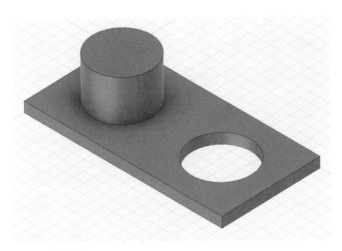

圖1　完成圖

一開始先畫一個長100 × 50mm的長方形。

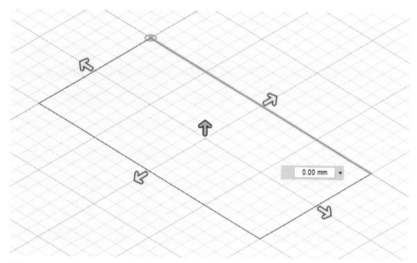

圖2　繪製長方形

接著，畫高10mm的長方體。

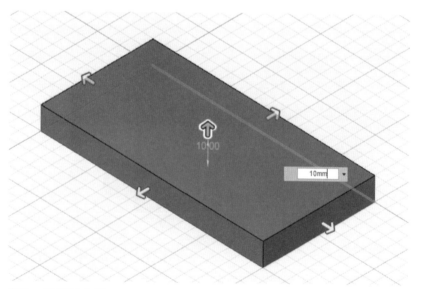

圖3　繪製長方體

將視點轉至上方，在左半邊中心畫出直徑30mm的圓形。

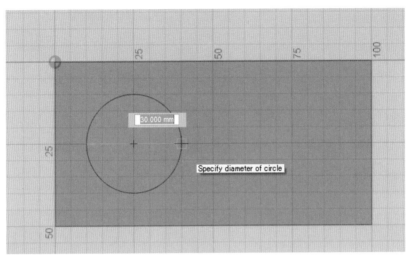

圖4　在左側繪製圓形

將圓【伸長】20mm，畫出圓柱。

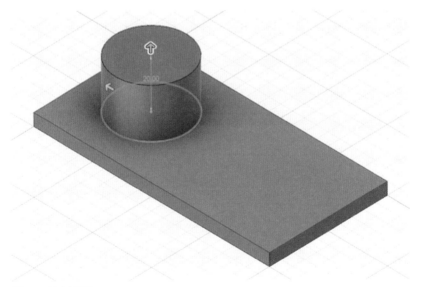

圖5　繪製圓柱

再將視點轉至上方，在右半邊中心畫出直徑30mm的圓。

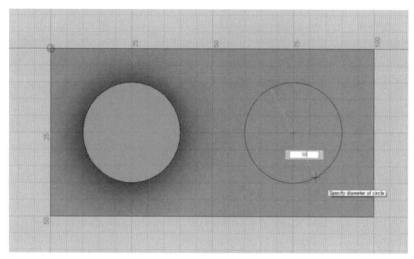

圖6　在右側繪製圓

將圓【伸長】10mm，挖空。

圖7　將圓伸長除料

下面為完成【伸長除料】的圖形。

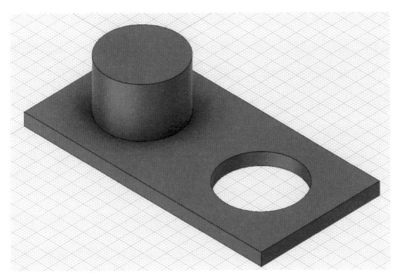

圖8　完成伸長除料

最後塗上藍色。

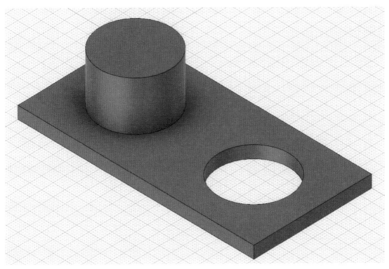

圖9　塗上藍色

機械男：喔～3D圖形的繪製其實挺簡單的嘛！我想快點學習其他指令。

電子女：對啊。我也沒想到會這麼簡單。只要把這個3D數據傳送到學校最近導入的3D列印機，就能夠輸出立體物件了！

技術教授：是嗎。各位不覺得困難是好事。萬事起頭難，只要一開始覺得簡單，並想要學更高階的指令，相信各位能夠慢慢上手。操作軟體需要靠某種程度的集中練習來熟悉記憶，各位要盡量每天練習。

機械男：好！我會每天練習，早點記住指令！

電子女：除了電腦教室的練習之外，我也想在自己的電腦上安裝這套免費軟體。這麼一來，在家裡也能自行練習。

技術教授：很高興各位這麼積極。不久前3D CAD還很昂貴，很少有人願意購買使用，但現在有免費軟體可以使用，讓人感受到時代在進步。

　　2維的製圖會如圖10所示，後面會再詳細介紹。在2D CAD普及之前，我們是以直尺來學習製圖。現在也還有學校是以直尺來教導製圖的基礎。各位能夠從圖10的3張圖聯想到圖9的立方物件嗎？順便一提，左下角圖為**正視圖**、左上角圖為**俯視圖**、右下角圖為**側視圖**，這樣表示的投影法稱為**第三角法**（third angle projection）。

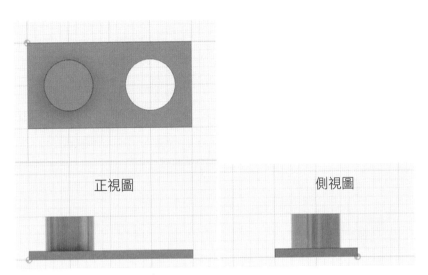

正視圖　　　　　　　側視圖

圖10　以第三角法表示的圖面

機械男：咦？由這3張圖聯想那個立體物件嗎？這有點困難耶。但是，如果要向他人傳達正確的各部尺度的話，這樣表示圖形比較容易理解。

電子女：我也有點想像不出來。這看起來感覺像是把**圖9**的立體物件裝進透明的箱子中，再由3個方向觀察的圖形。

技術教授：大家可能從小就習慣電玩中的立體圖形，對3D圖像比較熟悉吧。第三角法是現今常用的投影法，不會馬上遭到淘汰，但大家不一定要由徒手繪圖、2D CAD來學習，可先以3D CAD繪製圖形再點選指令，馬上就能轉換出這些圖形。

※審訂註：尺度，即一般所稱「尺寸」。

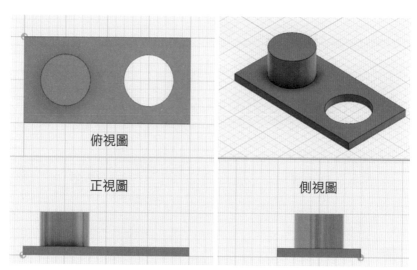

圖11 以第三角法表示的3D CAD圖形

機械男：真的能夠簡單轉換耶！在右上角的空間放上**3D CAD** 的圖面也不錯。這樣就能一面在腦中浮現3D形狀，一面想像正視圖、俯視圖、側視圖。

電子女：我也覺得這樣比較好想像。但是，不能只看3D圖面嗎？

技術教授：這個嘛……整體來說，這是面對3D圖面的方向，但這個例子我會建議區分使用3D和2D的圖面。

　　投影法另外還有**第一角法**。如同**圖12**所示，各位有看出和第三角法的不同嗎？正視圖位於右上方是重點。

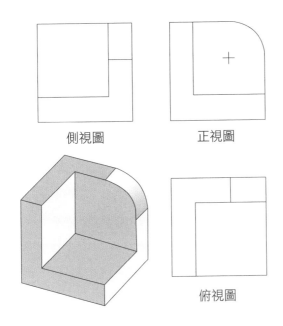

側視圖　　　　　　　正視圖

俯視圖

圖12　第一角法

機械男：第三角法是把立體物件裝入透明的箱子，再由各個方向來觀察，但這次的圖形位置改變了。為什麼要這樣配置呢？

電子女：我想，大概是因為這不是利用透明箱子來觀察，而是從各個方向投影光線，顯示反面的圖形吧？

技術教授：沒錯。國外有時也會使用第一角法，請大家先記在腦袋裡。順便一提，如果以第一角法表示前面的例子，會如同圖13所示。

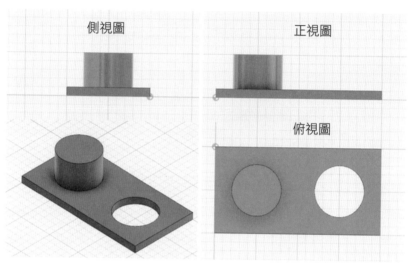

圖13　以第一角法表示前面的例子

　　機械男與電子女在課程中慢慢學習其他指令，熟習3D CAD的操作。他們在電腦畫面上不斷轉動圖像，作出自己所想的立體物件，過程中他們顯得興趣盎然。

　　然而，想要繪製正確向他人傳達的圖像，還需要學習相關的製圖規範，其中也有較微複雜的規範，但這些都是製圖時不可或缺的，請各位逐步記住這些規範吧！

第2章
製圖的基礎

　　若想要使用圖形表示物件，向第三者確實傳達內容，製圖必須正確清楚。為此，需要有一致的規範。本章將介紹製圖的基礎。

文字的表示方式

在第1章，介紹了第三角法的簡單例子，但在實際繪製各種圖面時，為了讓製圖正確清楚，需要規定一些規範。製圖的圖面除了圖形之外，還有文字、線條等資訊。首先先說明文字的表示方式。

手寫文字必須寫得正確清楚。字體不能像書法的毛筆字般活潑，而是要有稜有角。具體來說，字型（Font）有A型、B型等基本型，參考框架的高度等也有其規定。關於基本框架的高度 h，中文漢字可選3.5、5、7、10mm；拉丁文字、數字符號可選2.5、3.5、7、10mm。字體的粗細 d，中文漢字為 $d = (\frac{1}{14})$ h；日語假名為 $d = (\frac{1}{10})$ h。文字的間距 a，中文漢字、日語假名為 $a \geq 2d$。另外，基線的最小節距 b，中文漢字、日語假名為 $b = (\frac{1}{10})$ h。

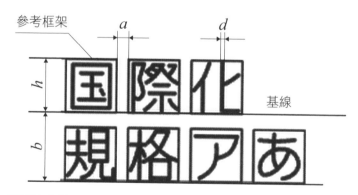

圖1 製圖的文字

手繪製圖時，大多數人會選擇製圖用自動鉛筆。選擇製圖工具，重要的是盡可能使圖形的線條濃度一致，相同大小文字的粗細均一。

其次，雖然拉丁文字及數字通常會採用向右傾斜15°的斜體字，但不傾斜也沒有關係。另外，數字主要用阿拉伯數字，英文用羅馬體的大寫字母表示，如遇需特別標記其他符號的場合，則用小寫字母表示。但是，同一張圖面宜避免使用多種字體。

使用CAD製圖時，文字相關的基本原則相同。字型雖然沒有特別規定，但中文漢字使用全形文字；拉丁文字、數字使用半形文字。另外，字體統一使用直立體（羅馬體）或者斜體（義大利體），宜避免使用多種字體。

圖2　以A型斜體表示的拉丁文字與數字

線條的表示方式

　　製圖用的線條依照形狀、粗細區分,搭配組合不同的線型。線型的種類中,表示圖形外型的**外形線**,以粗實線標記;表示圖形尺度的**尺度線、尺度界線、指引線**等,以細實線標記;表示對象物不可見部分的**隱藏線**,以虛線標記;表示圖形中心的**中心線**,以一點細鏈線標記;表示參考用鄰接部分的**假想線**,以兩點細鏈線標記;表示對象物部份重疊或者部分切割界線的**折斷線**與**剖面線**,分別以不規則波浪線、鋸齒線標記。

　　根據線條的粗細,分為細線、粗線、極粗線,其粗細比例為1:2:4。例如,細線設為0.25mm時,則粗線應為0.5mm、極粗線應為1mm。線條的基本原則也適用於CAD製圖。

機械男:天啊!文字、線條竟然有這麼繁瑣的規範!感覺難度一下提升很多。我的字寫得很醜,該怎麼辦呢?

電子女:安啦,只要使用CAD,就能打出各種漂亮的文字了!

技術教授:雖然最近人們習慣電腦打字,但凡事應該努力練習,不妨平時就練習把字寫得端正吧!

表1　線條的種類及用途

用途別稱	線種		線條的主要用途
輪廓線	粗實線	▬▬▬	表示對象物可見部分的形狀
尺度線	細實線		標註尺度
尺度界線			標註尺度時拉出圖面的指引線
指引線			標註用的指引線
旋轉剖面線			標註90度的旋轉剖面
中心線			圖形中心的簡略圖示
隱藏線	虛線	▬ ▬ ▬ ▬	表示對象物不可見部分的形狀
中心線	一點細鏈線	‒‒‒‒‒	圖形中心的圖示
			圖形移動時的中心軌跡
假想線	兩點細鏈線	‒‒‒‒‒	・表示參考用的鄰接部分 ・表示工具、夾具等的參考位置 ・表示運轉部移動後的位置 ・表示加工前或者加工後的形狀 ・表示斷面範圍
重心線			表示斷面重心的連線
折斷線	不規則波浪形	〜〜	表示對象物部份重疊或者部分切割的界線
割面線	在兩端及轉角加粗的一點細鏈線	⌐_⌐	表示剖視圖中的切斷處

圖形的表示方式

製圖使用的**尺度輔助符號**，如表2所示。這些符號多與尺度搭配使用，用以表示更為正確的標註。

表2　尺度輔助符號

區分	符號	稱法
圓直徑	ϕ	Phi
半徑	R	R
球直徑	$S\phi$	SPhi
球半徑	SR	SR
正方形邊長	□	正方形
圓弧長	⌒	圓弧
板厚	t	t
45°倒角	C	C

（1）圓的直徑

如欲表示**圖3**的投影圖時，該如何繪圖？

假設圓的外徑120mm、內徑60mm、寬幅40mm。

首先，以圓筒寬幅的方向作為正視圖，**圖4**的製圖正確嗎？

圖3　表示圓的直徑

　　粗實線的外形線、一點細鏈線的中心線、細虛線的隱藏線，乍看之下好像正確，但再進一步來看，光從這張製圖，並不能確定中心為內徑60mm的圓。中心有可能是邊長60mm的正方形，甚至整個外形都是正方形。為了清楚表示圖面，必須再繪製一張側視圖。

　　如果使用尺度輔助符號，遇到這樣的情況就不需要繪製兩張圖面。例如，像圖5在尺度數值前加上 ϕ，就能清楚傳達60與120分別為圓的直徑。

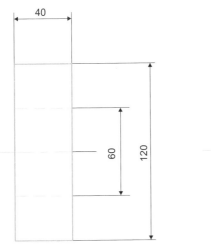

圖4　不適當的尺度標註

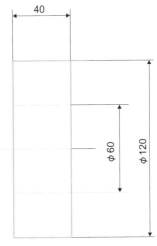

圖5　適當的尺度標註

（2）正方形邊長

圓直徑會以 ϕ 標註，而正方形邊長會以□標註。

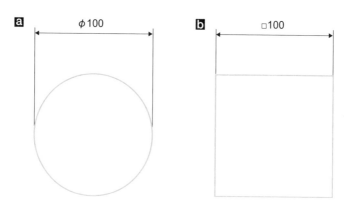

圖6　圓直徑與正方形邊長

（3）半徑

圖形的圓弧部分小於180°時，如圖7a所示，會在半徑的數值前標註R。例如，R50表示半徑50mm。為求慎重，可如圖7b標註哪個部分為50mm。順便一提，R是半徑（Radius）的英文縮寫。

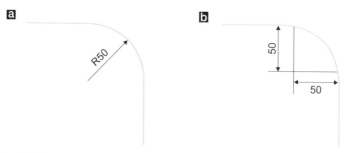

圖7　半徑

（4）球的直徑與半徑

　　球直徑是在數值前標註Sφ；球半徑是在數值前標註SR。例如，**圖8a**表示球直徑為50mm；b表示球半徑為200mm。另外，S是球（Sphere）的英文縮寫。

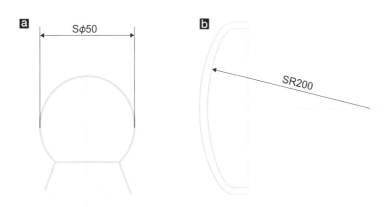

圖8　球的直徑與半徑

（5）圓弧

　　圓弧會先標出弦的尺度界線，再畫出同心圓弧的尺度線，並在數值前標註圓弧長的符號。例如，**圖9**表示圓弧長為35mm。

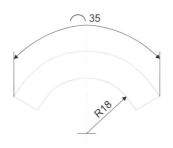

圖9　圓弧

（6）倒角

　　圖面上物體邊角的面與面呈直角乍看下很平凡，但若是金屬物件跟圖面一樣的話，邊角會過於尖銳，不但危險，材料也容易受損變形。因此，一般會將物體邊角削去部分，稱為**倒角**（chamfer）。

　　倒角的角度通常取45°，標註方式是在數值前加上倒角符號C。例如，**圖10**的C5表示倒角深度為5mm。這是相對邊長切入長度（倒角深度）5mm的意思。切削深度5mm的話，由三角比可知，**圖10**的「倒角」為$5\sqrt{2}$ = 約7.07mm。這邊容易誤解為切出5mm長的面，請務必正確理解倒角深度的正確位置。另外，C是倒角、斜面（chamfer）的英文縮寫。

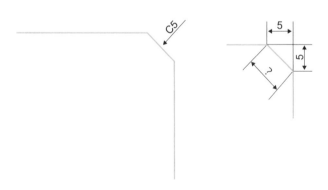

圖10　倒角

（7）板厚

　　對金屬板進行平面加工時，若想在圖面上特地標註薄板的厚度，反而容易混淆。遇到這樣的場合，可在數值前面標註t表示厚度。

　　例如，圖11的 t5 表示圖形厚度為5mm。

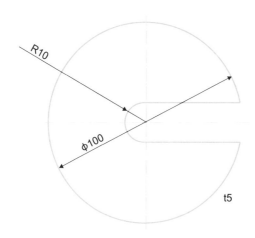

圖11　　板厚

機械男：這邊有好多符號，我都快搞混了，好擔心記不起來。

電子女：為了正確描繪圖面，必須熟記才行呢！

技術教授：這些符號看起來很難，但裡頭充滿了前人的智慧，希望各位能夠牢記。

圖面的大小與尺度

機械製圖的圖面是採用A系列規格（A Series Size）。

表3　A系列規格

規格號	尺度（mm）
A0	841×1189
A1	594×841
A2	420×594
A3	297×420
A4	210×297

A系列規格的大小比較，如**圖12**所示，A1為A0的一半、A2為A1的一半、A3為A2的一半、A4為A3的一半。

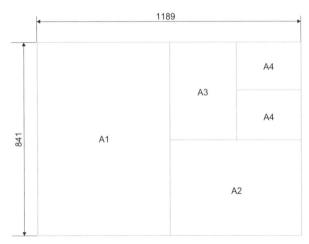

圖12　A系列規格的大小比較（單位mm）

　　以第三角法表示圖形時，1張圖面需在製圖用紙上巧妙地配置3個圖形。圖面一般是用顯示實際尺度的**實尺**，但圖形過大時會改用**縮尺**、過小則改用**倍尺**。JIS（Japanese Industrial Stahdards，日本工業規格）有規範相關的參考尺度。另外，關於尺度的表示，10倍的倍尺標註為「10：1」；10分之1的縮尺標註為「1：10」。

表4　參考尺度

倍尺	50：1　　20：1　　10：1　　5：1　　2：1
實尺	1：1
縮尺	1：2　　1：5　　1：10　　1：20　　1：50　　1：100　　1：200 1：500　　1：1000　　1：2000　　1：5000　　1：10000

　　機械製圖的圖面上，會從紙緣向內預留10～20mm，並用寬0.5mm以上的粗實線繪製**輪廓線**。

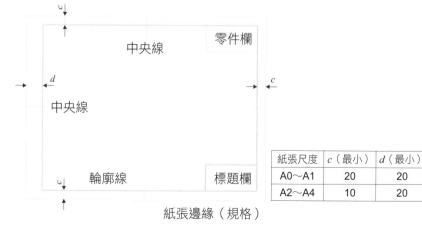

紙張尺度	c（最小）	d（最小）
A0～A1	20	20
A2～A4	10	20

圖13　圖面的輪廓尺度

企業名、學校名	姓名	設計	製圖	描圖
		・・	・・	・・

圖名		尺度	1：1	投影法	⊕ ◁
		圖號			

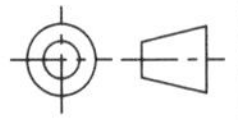

圖14 標題欄的範例

另外，圖面會設置**標題欄**、**零件欄**等。

標題欄設於圖面右下角，採用與輪廓線等粗的線條圍框，簡潔記載必要的資訊，像是圖面的管理編號、圖名、尺度、投影法、組織或團體名稱、圖面的製作時間、負責人等。但因為沒有嚴格規定形式，企業、學校等組織可能採用不同的格式。另外，記載投影法的欄位，若為第三角法，則標註如**圖15**的符號。

圖15 第三角法的符號

機械男：無論多有創意的設計，在製圖時還是得標示成表格，才有辦法正確清楚地傳達喔！

零件欄設於圖面的右上角或者右下角，記載圖面相關的對照編號、品名、材料、個數、工程、質量、備註等。

　　對照編號，是在由各個零件組成機具的組裝圖中，用以表示零件相互關係的編號。在**材料**的欄位，註寫JIS規範的材料編號（例如，一般結構用輾鋼會標註為SS400）。在**工程**的欄位，註寫零件加工工程的縮寫符號。例如，機械加工為「M（Machining）」；鑄造為「C（Casting）」；手工精整為「F（Finishing）」；螺絲、軸承等標準零件為「S（Standard component）」；鍛造為「F（Forging）」；板金加工為「P（Press Working）」；熔接為「W（Welding）」等等。

對照編號	品名	材料	個數	工程	質量	備註
1	框架	SS400	1	M、W		
2	軸承本體	FC200	4	C、S		
3	輸入軸	S35C	1	M		
4	輸入側齒輪	S35C	1	M		
5	輸出軸	S35C	1	M		
6	輸出側齒輪	S35C	1	M		

圖16　零件欄的標示範例

電子女：機械製圖不是單純畫出形狀就好，還得清楚知道是以什麼材料製作、如何加工，或是購置標準品，這些都需要機械設計、機械製造等相關知識。

技術教授：沒錯。機械製圖除了單純描繪圖形之外，還銜接了之前所學過的機械課程相關知識。

尺度的標註法

機械製圖的圖面需在適當的位置標註尺度數值，才能夠清楚傳達資訊。

機械製圖的圖面使用的長度單位為**毫米**〔mm〕，一般會省略單位符號，僅標註數值。尺度數值的小數點以小黑圓標示，位數過多時可省略小數點。

例如　100、150.25、0.08

角度尺度的數值一般以**度**為單位，依情況併用**分**與**秒**。度、分、秒是在數字的右上角分別標記單位符號「°」、「′」、「″」。另外，角度尺度以弧度為單位時，單位符號會記為〔rad〕。

例如　90°、12.5°、6°30′5″、0.65 rad

為了方邊閱讀圖面，尺度數值不是直接記在圖中，一般會以**尺度線**與**尺度界線**來標註。尺度線是平行欲指引的長度，與圖形拉出適當的距離。而尺度界線是垂直尺度線，會與尺度線稍微隔開（約1～2mm）。另外，尺度線的箭頭長約3mm、開闊約30°。

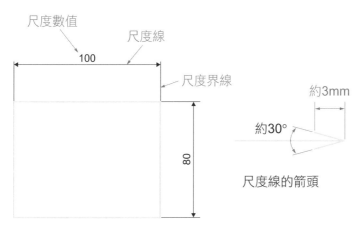

圖17　尺度線與尺度界線

　　圖17為橫長100mm、縱長80mm的矩形。尺度數值標示在尺度線中央，避免標註在角落或尺度線末端。另外，縱長80mm需以橫式表示，方便由右邊檢視圖面。遇到標示多個縱長數值的情形，需將數值集中於同一側，方便圖面旋轉90°後仍能檢視所有數值。

　　除此之外，正確清楚標註圖面尺度時，還需避免重複標註尺度，或標註不必要的尺度。以第三角法表示複數圖面時，通常會將尺度集中於正視圖。

　　上述為基本的規範，但實際繪製各種圖形時，肯定會遇到不知如何標註尺度的情況。以下舉出幾個標註尺度的範例。

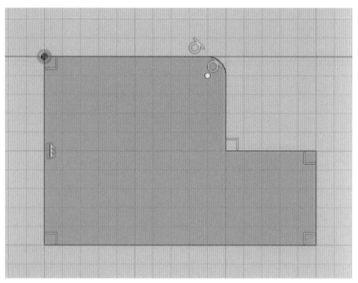

圖18　例1的圖形

解說

　　一開始應先標註橫長、縱長的最大邊，在上圖標註縱50、
橫75。接著，在右上角的缺塊分別標註縱25、橫25。縱長統一
標註於右側，方便圖面旋轉90度後檢視。最後，在右上角標註
半徑5。

　　或許讀者會想：上述以外的地方不需要標註嗎？頂邊的
50、右邊階差的25不需要標註嗎？這些部分在其他部分標註之
後，便會自動受到規範，不需再另外標註尺度。

尺度標註範例如**圖**19。

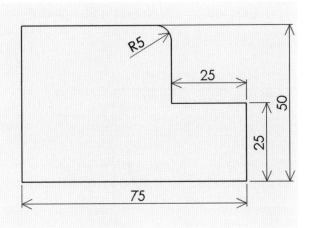

圖19　例1的尺度標註範例

> 例2　如圖20所示，假設每一格長5mm，試標註各個部分的尺度。

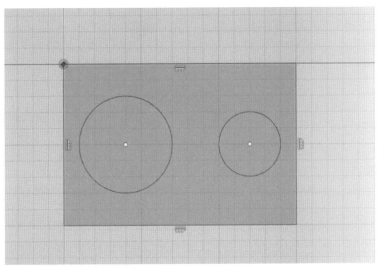

圖20　例2的圖形

解說

　　如同例1，首先標註橫長、縱長的最大邊，接著標註兩圓的尺度後，再標註各圓的中心位置。

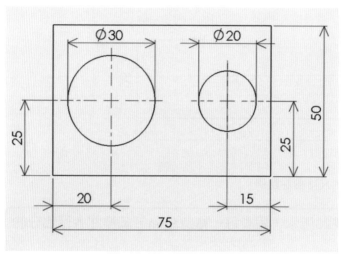

圖21　例2的尺度標註範例

　　傾斜方向與角度的尺度線，可參考**圖22**。

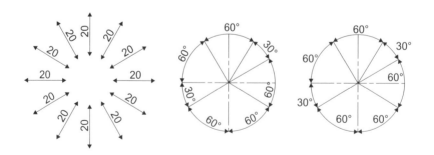

圖22　傾斜方向與角度的尺度線

例3　如**圖23**所示，假設圖面為兩圓柱的組合件、每一格長5mm，試標註各個部分的尺度。

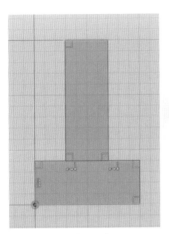

圖23　例3的圖形

解說

　　如同前面的做法，首先標註橫長、縱長的最大邊，再依照題目的假設，在兩圓柱的直徑標註 ϕ。

機械男：**圖23**若沒有說明圖形是兩圓柱的話，從側面難以確定形狀。若沒有標註 ϕ，根本不知道那是指圓柱，絕對不能忘記標註 ϕ。

技術教授：直接表示成3D圖就沒有這個問題，但許多地方是使用標註尺度的2D圖，所以一定要記住 ϕ 的使用方式。

尺度標註範例如圖24。

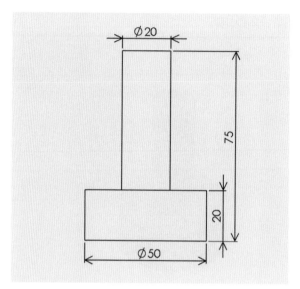

圖24　例3的尺度標註範例

例4　如圖25所示，假設圖面為四圓柱的組合件、每一格長 5mm，試標註各個部分的尺度。

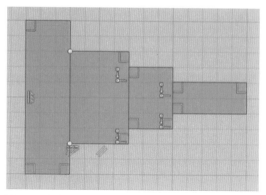

圖25　例4的圖形

解說

　　如同前面的做法，首先標註橫長、縱長的最大邊。如同例3，在圓柱直徑標註 ϕ。但是，此例的圓柱個數較例3多，需要標註尺度的地方增加。如何整理這個部分的數值，是能否正確繪製的關鍵。

　　圓柱的尺度標註處增加時，**圖26a**與b何者較為恰當？

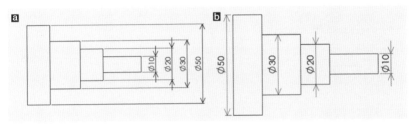

圖26　例4的尺度標註範例

電子女：兩者都有傳達尺度標註的意義，我想兩種標註都正確吧，但就傳達資訊來說，b圖的尺度界線較少，比較容易閱讀。

技術教授：的確如此。尺度界線太多的話，容易和其他線條混淆，應該選擇容易閱讀的標註方式。

機械男：而且，這張圖還要補上圓柱的寬幅尺度才行。

技術教授：沒錯。那麼，圓筒的寬幅尺度該怎麼標註呢？

多個的尺度標註，有兩種標註方式。**圖27a**為**平行尺度標註法**（parallel dimensioning），是以某一基準點個別標註尺度的方式。與此相對，b為**連續尺度標註法**（chain dimensioning），是依序連續標註軸長尺度的方式。

雖然兩者都是容易閱讀的標註法，但在討論後面將說明的**尺度公差**時，連續尺度標註法，需注意累積各項尺度公差。

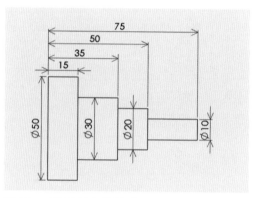

圖27a　平行尺度標註法

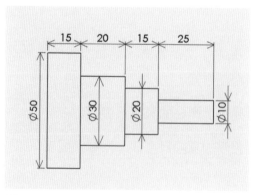

圖27b　連續尺度標註法

第3章
練習使用 3D CAD

　　本章將介紹幾個運用3D CAD的基本練習，幫助讀者一邊體會多線成面、多面成立體的概念，一邊在腦中想像3D圖面的製作。

繪製基本圖形

　　如同第1章的介紹，製作3D圖面是多線成面，再進一步形成立體。以圖1說明此關係，0維的點移動一段距離後，形成1維的線段；線段向四方擴展相同距離後，形成2維的正方形；正方形向周圍擴展相同距離後，形成3維的立方體（正六面體）。

　　　　點　　　　　　線段　　　　　　正方形　　　　　　立方體

圖1　從點到立體

　　由2維轉為3維，正是立體物件誕生的瞬間，也是3D CAD最有趣的地方。在這邊，擴展是使用「伸長」的指令來進行，接著再使用**「伸長除料」**等指令，切除立方體上多餘的部分，調整3維形狀。關於調整形狀的方法，除了切除多餘部分之外，還有像積木般在立體物件上堆疊另一立體物件的作法。

　　當然，如果能在2維的階段便作成近乎完成的圖形，後續的操作會變得相當容易。

接下來，我們要實際介紹3D CAD的練習。雖然這並非完成物件的唯一方法，但在此要盡可能介紹簡單的製作步驟。由1維的線段形成2維的面，進一步形成3維的立體，相信讀者也能藉此一窺箇中樣貌。

練習1

請試作圖2的3維模型。

各部尺度請參照如圖3。

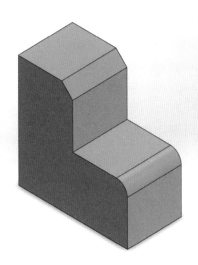

圖2　練習1的3維模型

機械男：必須先想好從哪一面開始繪製，才能利用伸長、除料等指令完成2維模型。該從哪一面開始呢……

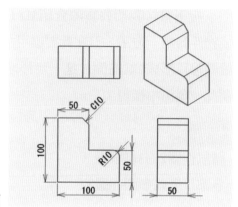

圖3 練習1的圖面

作圖範例1

　　先繪製2維的**正視圖**，再延著面的方向伸長。

①組合直線作成2維的正視圖。利用圓化邊角的**圓角**、切面去角
的**倒角**等指令，便可簡單完成。
②利用**伸長**將2維轉為3維。這邊伸長50mm。

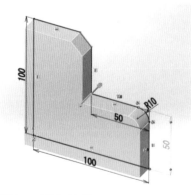

圖4a　正在伸長

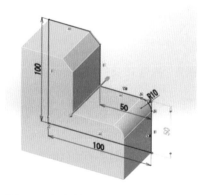

圖4b　完成伸長50mm

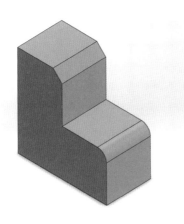

圖5　完成模型

作圖範例2

　　先繪製2維的**俯視圖**，再延著面的方向伸長。

①伸長100 × 100mm的面，將2維轉為3維。

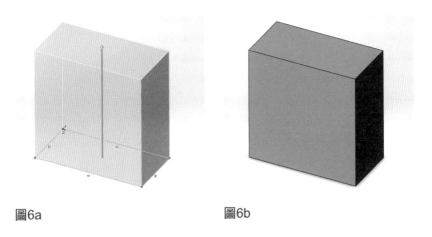

圖6a　　　　　　　　　　　圖6b

②在平面右上角畫一個50 × 50mm 的面，點選「伸長除料」。

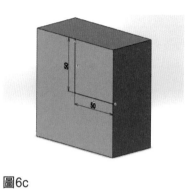

圖6c

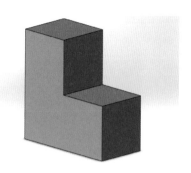

圖6d

③指定10mm「圓角」，圓化邊角。

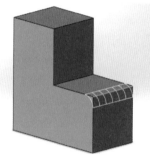

圖6e

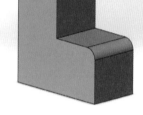

圖6f

④指定10mm「倒角」，切面去角。

圖6g

圖6h　完成模型

電子女：明明完成的是同樣的模型，範例1和範例2的作法卻差很多呢！

技術教授：沒錯。熟悉操作後，腦中自然能浮現較簡單的方法，這邊先從決定由正視圖還是俯視圖開始吧。根據形狀不同，有時從側視圖開始比較容易進行。

試作圖7的3維模型。

各部尺度如圖8所示。

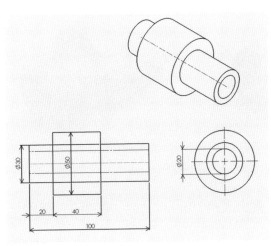

圖7　練習2的3維模型

圖8　練習2的圖面

機械男：這個好像從側視圖開始比較容易，先畫外側的圓柱，再挖空內部，然後……

電子女：那個像階梯的部分要怎麼處理呢？大圓柱的兩端各有小圓柱……

作圖範例

由側視圖繪製圓柱開始。

①先畫出最大直徑50mm、長100mm的圓柱。
②在圓柱的右側畫出直徑30mm的圓，將圓的外側除料40mm。

圖9a

圖9b

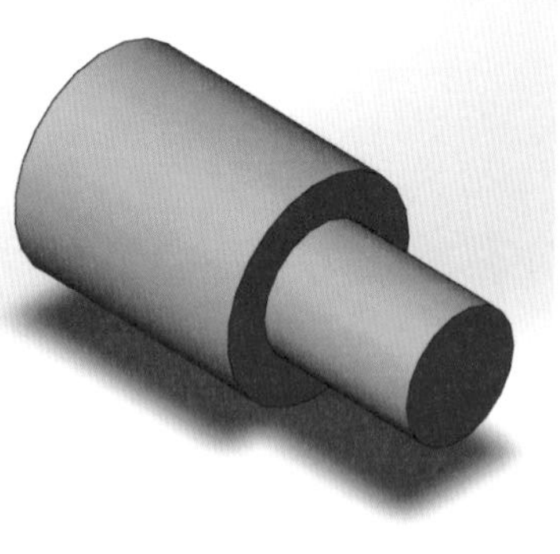

圖9c

③同作法，在左側面畫出直徑30mm的圓，將圓的外側除料20mm。

圖9d

圖9e

④最後，在中心畫出直徑
20mm的圓，點選「貫穿」貫
通中心鑿洞。

圖9f

圖9g　完成模型

試作圖10的3維模型。

各部尺度如圖11所示。

圖10　練習3的3維模型

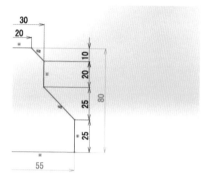

圖11　練習3的圖面

作圖的思考方式

　　運用前面練習學到的知識，在製作這題的3維模型時，可從俯視圖開始，先畫出底座的圓，伸長，再於上面作成另一圖形。雖然這個方法也能製作圖形，但接下來要介紹另一種使用「**旋轉**」指令的作圖範例。

作圖範例

①先畫出圖11的2維圖面。這個圖面僅畫出欲作模型的一半。

②接著，使2維圖面對縱軸（Y軸）旋轉，指定縱軸並點選「**旋轉**」。

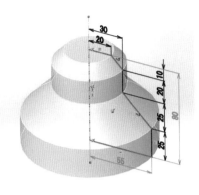

圖12　指定縱軸，執行旋轉指令

機械男：點下旋轉指令，馬上就能出現3維的圖形了！真是方便的功能！

電子女：真的，這樣作圖感覺就像陶土拉胚，能夠作出圓滑的曲面。

圖13　完成模型

技術教授：這的確能作出圓滑的曲面。不過，我想先稍微說明一下「旋轉」的指令。上圖是以縱軸（Y軸）為中心進行旋轉作圖，但也能以橫軸（X軸）為中來旋轉（**圖14**）。這邊需要注意的是，記得指定旋轉軸，決定以哪軸為中心來旋轉。雖然這題是以縱軸為中心旋轉作圖，但也可試著以其他軸來旋轉，或許能作出意想不到的3維圖面喔！

圖14 以橫軸為中心，執行旋轉指令

機械男：原來如此～就像是數學求旋轉體體積的作法……啊！這是積分嘛！

技術教授：是的。這也是一種積分。摸熟3D CAD的操作，或許能夠提升數學能力喔！

接著要來討論圓滑曲面的作圖。以**圖11**的圖面為例，將各部份連成曲線。此時不需顧及瑣碎的角度、尺度，可自由連成曲線。然後，將連好的曲面仿效前面的步驟，沿著縱軸（Y軸）旋轉作圖。

電子女：好的。不需嚴格遵從尺度，圓滑地連成曲線，接著再指定縱軸，點選旋轉的指令！

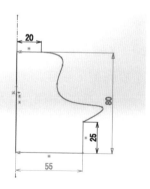

圖15 加入曲面的圖面

　　圖面的作成方式有組合圓柱或者利用旋轉指令，這邊以練習3的旋轉指令來作圖。

①參考圖面，仔細檢視剖視圖的尺度，作成旋轉用的單側圖面。旋轉軸的中心以一點鏈線表示。

圖21　旋轉前的圖面

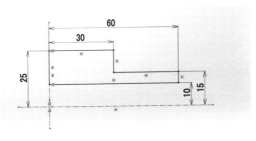

②指定旋轉軸，點選「旋轉」。

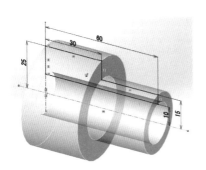

圖22　執行旋轉指令

圖23　完成模型

機械男：雖然這個圖面沒有那麼困難，還是會用到之前學過的剖視圖思考。我想要做的機器人零件很多都是內部凹凹凸凸的，因此必須學好這些作圖技巧，才能順利製作。

作成創意圖面

　　透過實際練習3D CAD，我們學會了基本操作。3D CAD還有許多其他不同的指令，從必須牢記才能作圖的重要指令，到未必用得到卻能大幅縮短製圖時間的指令。熟悉3D CAD並大致記住這些指令，製圖上會變得更加容易。

　　然而，即使記住所有瑣碎的指令，如同前面介紹的練習，僅從指定2維圖面轉為3維圖面的作圖，不見得算是具有創意的圖面。

　　想要製作具有創意的圖面，需將自己腦中浮現的3維立體轉為3維的圖面。而且，前面都是在一張圖面上作成一種圖形，但在實際設計時，多半是組合多個零件作成3維模型。

　　想要接觸正式的機械設計，除了需要具備第5章將介紹的螺絲、齒輪、彈簧等機械元件的知識之外，還需深入理解機械運作結構的機制。

　　在正式進入機械設計的機械製圖之前，這邊想先讓各位自由發想，練習製作具有創意的圖面。另外，也會請各位挑戰3D列印輸出所製作的圖面。

技術教授：我想各位都了解3D CAD的基本操作了，今天就以「作成創意圖面」為主題來練習吧。前面的練習都是將指定的2維圖面轉為3維圖面，但今天想讓各位把腦中浮現的想法，實際用3D CAD作成3D的立體物件。在電腦螢幕上完成後，我想讓各位使用學校最近導入的3D列印機輸出作品。

機械男：可以使用3D列印機輸出自己的作品，真是讓人興奮！雖然我以前看過3D列印機，但手邊沒有3D數據，所以還沒有使用過。

電子女：我也是！每次看著學長姐操作3D列印機，我都很羨慕。只要學會3D CAD並作出3D數據，就可以傳到3D列印機輸出了。我好期待喔！

技術教授：那麼，我就來發表主題。從事機械設計時，設計上必定會有限制條件，例如機器人競賽的競技規則、大小限制等規定。如果任由各位自由發揮，反而會讓各位無所適從，不知從何下手吧？各位都立志成為工程師，給予幾項限制條件，可以激發各位的潛力。

　　關於這次的主題，我想定為「1月的3D設計」。大家聽到1月，腦中會浮現什麼東西呢？剛好現在是12月，商店街也開始擺設關於1月的商品。請大家試著從想到的東西當中，選擇一樣進行3D設計。

機械男：好像很有趣～日本的1月可以想到吃鏡餅[1]、搗年糕、放風箏、拿紅包、打陀螺……最近街上也開始擺門松[2]了。製作門松好像很有趣，我決定以它為主題了！

　　然後，1星期後的課堂上：

1　日式圓形年糕。
2　日本西曆新年在住宅門口放置的裝飾品。

機械男：唉呀～沒想到門松的3D設計這麼困難！雖然決定要做門松，但腦中只模糊浮現3根竹子擺放在稻穗底座上。實際製圖時，還需要根據依照各種判斷，才能作成3D形狀呢！

　　我在開始製作模型後，馬上就碰到了問題，像是門松的3根竹子高度是否相同？竹子前端的剖面是圓形還是帶有角度的斜切面？斜切面的角度應該為多少？3根竹子要怎麼配置在底座的圓上？等等。

　　當我帶著這些問題，再次觀察各種門松，發現3根竹子的長度、前端的形狀各有不同。另外，底座的形狀也有很多種，有用稻稈作成的，也有用松木作成的……。我參考這些資料，自行設計了一番，最後決定以稻草粗編的類型製作黃色底座，在上面插3根綠色的竹子。

　　接下來，經過每週一次共四堂的課程，加上幾天下課後的努力趕工，機械男終於完成了3D門松的設計圖。

1月的3D設計暨成果發表會

機械男：接下來，我將發表1月的3D設計。我選擇的主題是「門松」。前陣子，我實際觀察了各種不同的門松，最後完成了這個設計。

圖24是我畫的3D門松設計全圖。接著，我將說明各零件製作模型的步驟。

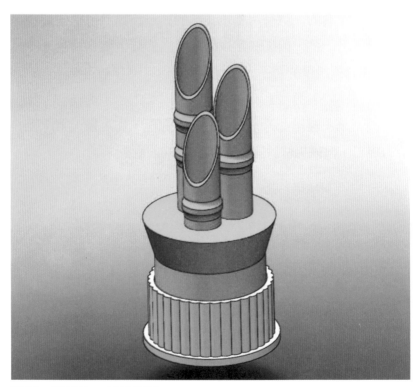

圖24　門松的3D設計全圖

①設計竹子

　　我首先想跟各
位分享如何設計竹
子。我觀察過各種
版本的門松，發現
大多數門松的3根竹
子不等長、竹子前
端角度約60度。因

圖25　　3根竹子的模型化

此，我根據觀察結果進行設計。在進行模型化時，我重現竹子
上必有的竹節。我在竹子前端處使用相同的數據，僅稍微改變
長度，以縮短製模的時間。竹子的顏色選擇接近實物的綠色。

②設計固定底座

　　接著，我設計了3根竹子的固定底座。3根竹子的配置也是
參考實物，將最短的竹子置於前面，其他兩根置於後面。

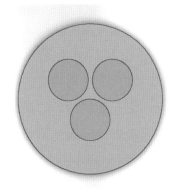

圖26　　竹子的底座

③組合竹子與底座

點擊【結合】組合兩個零件，將3根竹子固定於底座上。

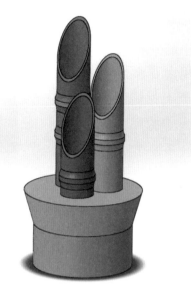

圖27　組合竹子與底座的模型

④粗編稻草的設計

至於粗編稻草的部分該如何設計，由於我的考慮是使用3D列印輸出，便決定作成表面有凹凸型狀的簡單樣式。不只是單純的圓筒狀，而是要使圓筒的表面呈現凹凸，因此需畫出36個半圓。環繞一圈360度，所以1個半圓為10度。

圖28　粗編稻草的模型

⑤模型的組合

最後，將竹子和底座的組合模型與粗編稻草的模型，兩者組合，門松就完成了。感謝各位的聆聽。

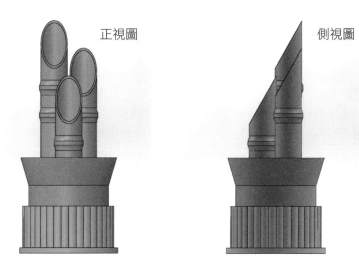

正視圖　　　　　　　　側視圖

圖29　完成的模型

技術教授：機械男很用心。設計時若有特別注意，以使用3D列印機輸出為前提來製圖，輸出時會更順利。下課後我們可以根據這張設計圖實際製作看看。

⑥3D列印輸出

受到技術教授稱讚，機械男感到神采飛揚。放學後，他立刻前往實習教室，挑戰輸出門松。

技術教授：這是機械男完成的3D模型。3D列印機的檔案格式

一般是STL檔，輸出時需要先轉換檔案格式，再匯入驅動3D列印機的軟體。目前畫面上呈現的模型雖是白色，但列印機裝入的是綠色的樹脂，所以3D列印機會輸出綠色的作品。最後，只要按下開始列印的按鈕就行了。

機械男：謝謝教授。那麼，我要開始輸出了。

圖30　門松讀取上部

　　3D列印機終於開始列印了，噴嘴加熱約至200℃，開始噴出熔化的綠色樹脂。

機械男：開始列印了，好厲害！用3D CAD設計的零件，就在我眼前輸出成立體物件。太感動了！

　　這次使用的3D列印機，是熔化樹脂的熔融沉積成形，因為不是瞬間完成輸出，所以需要耗費一段時間。儘管如此，機械

男還是杵在3D列印機前，仔細看著輸出的情況。

圖31　輸出中的門松

　　大約過了2個小時，門松的上部零件終於完成了。

機械男：哇～完成了！這就是我設計的門松！竹節的部分也確實列印出來，比預期的還要精緻呢！

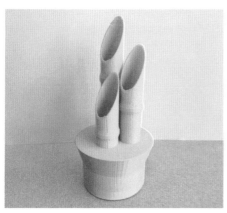

圖32　完成的門松上部零件

隔天，機械男接著輸出門松下部的粗編稻草，完成兩個零件。輸出下部零件，大約花了90分鐘。

　　3D列印輸出的作品，有時會因形狀關係，造成部分膨脹或歪曲。由於此的設計是上部零件需剛好能置入下部零件的圓筒內，所以需要考慮到上下部圓直徑的樹脂膨脹，下部的圓設計應該比原預定尺度多出1mm。

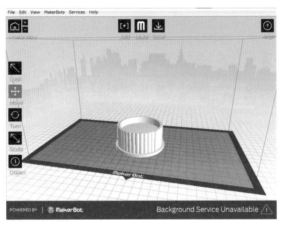

圖33　門松下部零件的讀取

圖34　完成的門松下部零件

機械男：總算完成兩個零件了，它們能夠順利組合起來嗎⋯⋯

組裝好了！非常成功！之前一點一滴的模製成果，終於在這裡展現出來。太令人高興了！

技術教授：恭喜！這是機械男努力學習的實際成果。必修課程到這邊就結束了，但難得學會了3D CAD設計，要不要嘗試設計2月的作品？這樣持續1年，相信你一定能有所成長。

機械男：咦？每個月？雖然有難度，但好像也很有趣，我會努力挑戰看看的！謝謝教授！

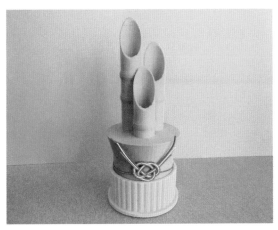

圖35　完成的門松

　　初次接觸3D設計而吃盡苦頭的機械男，在看到作品順利3D列輸出後，感到欣喜若狂。在教授的建議下，他開始構想以2月為主題的設計作品。

2月的3D設計暨成果發表會

　　看見機械男的努力，技術教授決定在系上的活動報告會，提案為他舉辦3D設計暨成果發表會。

圖36　鬼拿螺絲示意圖

機械男：這次2月的3D設計主題，我選擇了民間故事中常見的鬼。前陣子，我翻閱許多鬼的資料，最後決定以「鬼拿螺絲」為模製的主題。

　　「鬼拿螺絲」來自於日本諺語「鬼拿狼牙棒[3]」，讓鬼拿著機械課程學到的「螺絲」，用來表現鬼變得強大。如同前次的門松，赤鬼與青鬼也有許多版本，鬼的角數也沒有統一的説法。因為沒有固定的版本，所以我決定將赤鬼作成2根角、青

3　鬼拿狼牙棒，原文為鬼に金棒，中文可解釋為「如虎添翼」。

鬼作成1根角。

　　圖37是完成的3D設計。這次的零件數比門松時還多，但赤鬼與青鬼只有頭部稍微不同，身體、腳部使用相同的數據。

圖37　鬼拿螺絲

　　接著，我來說明各零件的模製步驟。

①頭部的設計

　　鬼的頭部是先畫出圓滑的曲線，點選「旋轉」作成3D形狀。接著，再點選「伸長除料」在角和頸部的插入處開鑿圓孔。

圖38　設計赤鬼的頭部

設計青鬼的頭部時，將青鬼的角設為1根。

圖39　設計青鬼的頭部

②設計鬼角

角的設計同樣也是以縱軸為中心畫出曲線，再點選【旋轉】作成3D形狀。

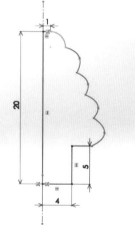

圖40　設計鬼角

③設計身體

設計身體時同樣也是以縱軸為中心畫出曲線，再點選「旋轉」作成3D形狀。接著繪製右臂和左臂。其中，右臂需設計成能夠抓握螺絲的形狀。

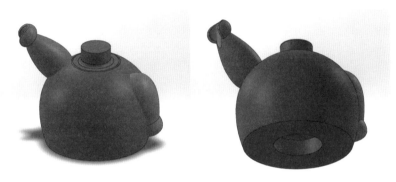

圖41　設計身體

④設計腹帶

腹帶的形狀簡單，但為了與其他零件組合，孔洞需做得比插件大約1mm。

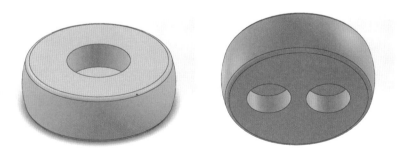

圖42　設計腹帶

⑤設計腳部

　　腳部的設計是圓柱接上腳掌形狀的組合零件，不區分左右腳，皆作成同樣的形狀。

圖43　腳部的設計

⑥連結零件的設計

　　為了組合身體和腹帶，設計了連結零件。藉由這項零件，讓鬼的身體可以旋轉，擺出不同的姿勢。

圖44　連結零件的設計

⑦3D列印輸出

・**輸出頭部**

　　由於頭部形狀與工作檯接觸面積較少，列印中可能造成滑動，所以這邊點選**「底座」**，增加物件與工作檯的接觸面積。

　　另外，這邊指定填充率為15％，在內部生成**六角形蜂巢狀構造**。**圖45**是赤鬼頭部的輸出情形。頭上確實印出嵌入鬼角的2個孔洞。

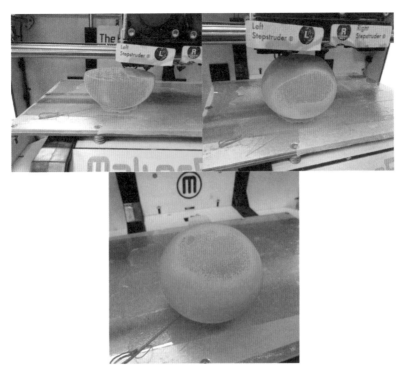

圖45　輸出赤鬼的頭部

青鬼的頭部和嵌入鬼角的孔洞都漂亮地印出來了。

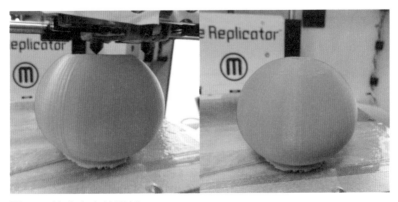

圖46　輸出青鬼的頭部

・輸出鬼角

　　輸出鬼角時也需點選
「底座」，增加與底部的接
觸面積。赤鬼有2根角、青
鬼有1根角，一共需要輸出
3個零件。

圖47　輸出鬼角

・其他零件的輸出

　　身體、腹帶、腳部等部分，也以同樣的方式輸出。圖48是
赤鬼的零件一覽，圖49是赤鬼的試作品。在這邊，頭部和身體
是以白色的樹脂線材（filament）輸出，用來確認形狀。螺絲的
部分不是用3D輸出，而是使用真正的螺絲。

圖48　赤鬼的零件一覽

圖49　赤鬼的試作品

　　由於紅色與藍色的材料用完了，因此並沒有完成紅色和藍色的身體，但模製的前置作業都已完成，我決定日後再完成這項作品。

圖50　赤鬼與青鬼

　　受到機械男的努力影響，電子女也決定嘗試3D設計。她的作品將在3月的成果發表會上分享。她會帶來什麼樣的作品呢？

3月的3D設計暨成果發表會

電子女：關於3月的3D設計，我選擇的主題是菱餅[4]。原本預計在糕餅上放置古裝人偶，但這次只完成菱餅的部分。說到菱餅，應該會想到菱形的3層糕餅吧，這3層各是什麼顏色呢？菱形又是否有固定的定義呢？

雖然只是簡單的菱餅，但開始設計模型後，發現還有很多地方需要實際驗證，因此受益匪淺。

圖51 菱餅的示意圖

接下來，我將說明模製的步驟。

①菱形的設計

菱形是4邊等長的平行四邊形，成立條件有：（1）相鄰兩邊等長、（2）對角線相互垂直。這次，最上面的桃色菱形邊

---

4 日式菱形糕餅，用以慶祝三月的女兒節。

長為50mm、第2層的白色菱形邊長為60mm、第3層的綠色菱
形邊長為70mm，每層邊長相差10mm。然後，兩邊所夾的鈍
角設為135度，菱餅的厚度設為10mm。

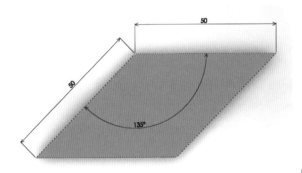

圖52a　菱形的尺度

圖52b　菱形的模型（桃色）
邊長50mm

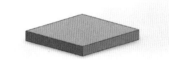

圖52c　菱形的模型（白色）
邊長60mm

圖52d　菱形的模型（綠色）
邊長70mm

②菱形的組合件

組合菱形後，以上方視點呈現的俯視圖。

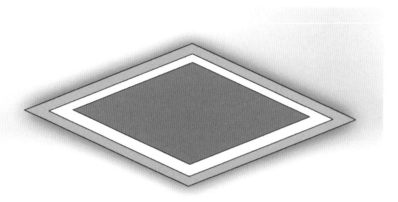

圖53　菱形的組合件（俯視圖）

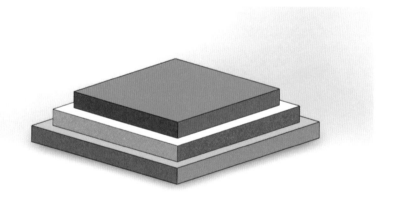

圖54　菱餅的模型（完成圖）

為了疊合3層菱形，顏色、形狀、各部尺度等都得自行設定，真的很複雜，但我也從中獲得許多經驗。

③3D列印輸出

　　原本預計完成3D設計之後，只要改變樹脂顏色，輸出3件3D物件就行了，但我前幾天參觀3D列印機的運作時，發現輸出會花費不少時間，為了縮短作業時間，我決定將綠色和白色的菱形改為中空設計。這樣一來，不但能縮短輸出時間，也能節省樹脂的用量。

　　由於是3層疊合的菱形，因此將下面兩層作成中空，對外觀不會造成任何影響。我能夠想出這樣的作法，不只是因為我在電腦螢幕上完成3D設計，而是多虧學校有實際操作3D列印輸出的環境，真的讓我受益無窮。

　　其實，這次使用3D列印製作的過程也遇到了問題，大家知道是哪裡嗎？綠色菱形的銳角兩端翹起。原因可能是因為ABS樹脂的熱收縮率較大。後來我發現為了解決翹起現象，可利用「底座」增加第1層的接觸面積，或者改用熱收縮率較小的PLA樹脂。

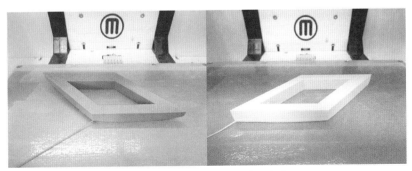

圖55　　輸出菱形　a菱餅（綠色）　　b菱餅（白色）

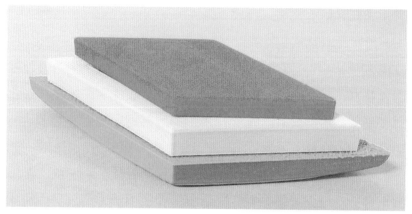

圖56 完成的菱餅

以秋季為主題的3D設計

這是橡實（橡樹子）的模型化，上下部分別是使用「旋轉」製作的組合零件。

圖57 設計橡實

以冬季為主題的3D設計

　　這是雪人的模型化。先以「旋轉」結合兩個半圓型剖面，再點選「伸長」作出眼睛與嘴巴。頭部開鑿孔洞，用以掛上聖誕裝飾。

　　最後使用白色樹脂輸出，再以色筆簡單上色。

圖58　雪人

機械男：每月1件與季節相關的設計，持續1年。讓我牢記了各種3D CAD的指令。我覺得每個月都設計一種節慶或習俗相關的作品，真的很有意思。每次看著作品完成輸出，都讓我迫不及待地開始構想下個月的設計。

電子女：你竟然能堅持1年，好厲害喔！我只做出了3月的菱餅，後面因為失敗連連，中途就放棄了。看到機械男每個月使用3D列印機輸出作品的樣子，真的讓我好羨慕！為了不輸給機械男，我決定再挑戰看看！

技術教授：機械男真的很努力。電子女也要趕快熟悉3D CAD喔！如同前面所説，大致記住3D CAD指令的基本操作，再實際設計各種物件，是進步的最短捷徑。一開始可以先模仿別人的作品，熟悉後再挑戰自己設計的原創作品。

　　雖然已完成組合零件的作品，但還未能實現如同常見機械般能真實運作的作品。接下來將進入正式的機械設計，我們也會學習繪製各種機械通用的螺絲、齒輪、彈簧、軸承等機械元件。將所學到的基本設計應用到機械元件上，就能更加接近正式的機械設計，請各位循序漸進，努力學習吧！

第4章
機械製圖的基礎

　　學過繪製基本圖形後，本章我們將學習機械製圖的基礎，包括數個零件組合成機具時的尺度、零件嵌合的注意事項、表面形狀的性質等等。

何謂尺度公差？

　　在機械零件的圖面上標註各部尺度後，我們會依照圖面的標示，進行切削加工、塑性加工等作業，製作各種機械零件。在精密的機械製造中，甚至會遇到小於1毫米的加工單位，像是 $\frac{1}{100}$ mm、$\frac{1}{1000}$ mm。

　　$\frac{1}{1000}$ mm是1m的百萬分之一（10^{-6}），稱為微米（μm），為**國際單位制（SI）**之一。

　　若某機械零件的尺度標註為10，表示此零件的長度為10mm。加工時，以一次製成10mm為準，完成後再使用游標尺測量該零件的尺度。因游標尺能夠量測到 $\frac{1}{20}$ mm（0.05mm），因此以10.00mm為準判斷加工的結果沒有問題。但若量測的數值為10.05mm或者9.95mm，是否算是加工失敗呢？

測量數值為10.05mm，
這樣算是失敗嗎？

圖1　何謂尺度？

假設游標尺測得10.00mm，但使用可量測到 $\frac{1}{100}$ mm的測微器，測出10.01mm或者9.98mm時，又該如何判斷呢？

雖然這是很繁瑣的驗證，但機械加工必須考量到這種程度。然後，對實際的尺度設定容許誤差，也是非常重要的事情。例如，指示加工成10mm，卻作成10.05mm的物件，有沒有問題會視情況而異。若明明不會影響後續加工，卻因拘泥誤差而進行追加，只是徒增作業時間與花費。

換句話說，製作物件時，與其拘泥於數值是否完全符合，不如設定一定範圍的容許誤差，更能增進作業效率。**尺度公差公式**的概念便是由此產生。

容許誤差的最大值，稱為**最大容許尺度**、最小值稱為**最小容許尺度**，兩者的差值即為**尺度公差**。

尺度公差＝最大容許尺度－最小容許尺度

例如，在長度50mm的後面標註±0.1mm的尺度公差，表示度從49.9mm到50.1mm的範圍內，皆屬於合格加工。最小容許尺度與標稱尺度的差值，稱為**下偏差**（under deviation）；最大容許尺度與標稱尺度的差值，稱為**上偏差**（upper deviation）。

上下偏差未必為同一數值，可能為不同的數值。數值不同時，會分別以小文字上下並排的方式標註。若其中一值為0，則不需標示小數點以下數值，標註為「0」即可。

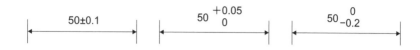

| 50±0.1 | 50 $^{+0.05}_{0}$ | 50 $^{0}_{-0.2}$ |

圖2　上下偏差的標註範例

　　然而，實際的圖面通常不會標註上下偏差，而會使用**通用公差**作為基準。換句話說，圖面上僅標註50的尺度時，其實後面隱藏了通用公差。通用公差又是什麼呢？

　　通用公差的數值視機械製造方式的不同而異，**表1**是切削加工使用的通用公差。切削加工的通用公差，又分為**精級f、中級m、粗級c、最粗級v**等4階段的**公差等級**，長度尺度、倒角處的長度尺度、角度尺度的容許差皆有其規範。使用的公差等級，視生產的製品而異。

　　例如，標稱尺度50、公差等級為中級時，由**表1a**中標稱尺度的「30～120」對應中級的欄位，可知容許差數值為「±0.3」，單位為mm。套用通用公差時，需在圖面上加註

表1a　切削加工的通用公差
倒角除外的長度尺度容許差　　　　　　　　　　　　　　　　　單位：mm

公差等級		標稱尺度的區分							
符號	説明	0.5 ～ 3	3 ～ 6	6 ～ 30	30 ～ 120	120 ～ 400	400 ～ 1000	1000 ～ 2000	2000 ～ 4000
		容許差							
f	精級	±0.05	±0.05	±0.1	±0.15	±0.2	±0.3	±0.5	—
m	中級	±0.1	±0.1	±0.2	±0.3	±0.5	±0.8	±1.2	±2
c	粗級	±0.2	±0.3	±0.5	±0.8	±1.2	±2	±3	±4
v	最粗級	—	±0.5	±1	±1.5	±2.5	±4	±6	±8

表1b　倒角處的長度尺度　　　　　　　　　　　　　　單位：mm

公差等級		標稱尺度的區分		
符號	説明	0.5～3	3～6	大於6
		容許差		
f	精級	±0.2	±0.5	±1
m	中級			
c	粗級	±0.4	±1	±2
v	最粗級			

表1c　角度尺度的公差　　　　　　　　　　　　　　　單位：mm

公差等級		角度短邊長度的區分				
符號	説明	10以下	10～50	50～120	120～400	大於400
		容許差				
f	精級	±1°	±30'	±20'	±10'	±5'
m	中級					
c	粗級	±1°30'	±1°	±30'	±15'	±10'
v	最粗級	±3°	±2°	±1°	±30'	±20'

「其他未指示的切削加工公差，參照JIS B 0405」。

機械男：這麼多密密麻麻的數值，看得我眼冒金星！但是，我選修的車床加工課的作業裡，也有要求精確至0.1mm的加工。要是沒有這樣規範，會使得零件尺度不合，甚至無法順利組裝！我得好好記住才行！

技術教授：想要在機械的軸承插入轉軸時，若軸徑的最小容許值大於孔洞內徑的最大容許值，不論怎麼硬塞，轉軸仍無法順利插入軸承。下一小節將會討論軸孔關係，請各位多加注意喔！

軸孔配合

　　機械需注意尺度容許差的部分，包括作為運轉機械動力源的電動機旋轉軸，與其他零件組合時的軸孔關係，稱為**軸孔配合（fit）**。軸孔配合中，小軸插入大孔時會產生「餘隙（clearance）」；而大軸插入小孔時會產生「干涉（inter-ference）」。

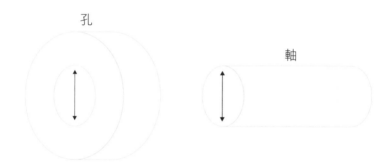

孔

軸

圖3　軸孔關係

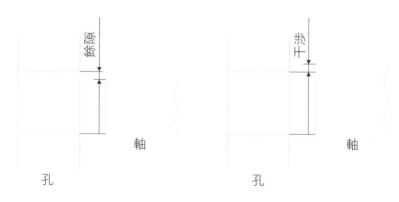

餘隙

軸

孔

干涉

軸

孔

圖4　孔餘隙與干涉

　　軸孔配合可分為下述3種：軸的最大容許尺度小於孔的最小容許尺，稱為**餘隙配合**（clearance fit），用於軸與軸承的關係；軸的最小容許尺度大於孔的最大容許尺度，稱為**干涉配合**（interference fit），用於車輪間的固定；最後，視孔軸的實際尺度發生餘隙或者干涉，稱為**過渡配合**（transition fit），用於要求較小干涉的場合。

　　在軸孔配合上，需將軸孔尺度控制在要求的範圍內，使設計的機具能夠順利運轉。一般來說，孔的加工比軸的加工來得困難，所以會採用**基孔制**（basic hole system），以孔徑為標稱尺度決定軸徑大小。另一方面，若是採用**基軸制**（basic shaft system），則是以軸徑為標稱尺度決定孔徑大小。

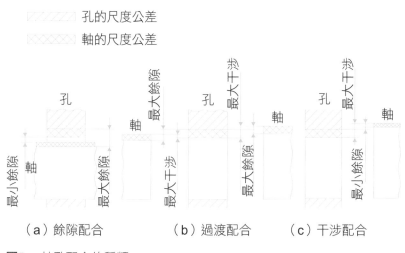

圖5　軸孔配合的種類

表2　標準公差數值（節選）

標稱尺度的區分（mm）		公差等級					
		IT5	IT6	IT7	IT8	IT9	IT10
超過	至	基本公差值（μm）					
—	3	4	6	10	14	25	40
3	6	5	8	12	18	30	48
6	10	6	9	15	22	36	58
10	18	8	11	18	27	43	70
18	30	9	13	21	33	52	84
30	50	11	16	25	39	62	100
50	80	13	19	30	46	74	120
80	120	15	22	35	54	87	140
120	180	18	25	40	63	100	160

　　JIS中規範的軸孔尺度公差，稱為**標準公差**（basic tolerance），在符號IT後面加上數值（1～18），用以表示18個等級。其中，孔徑適用IT6～10、軸徑適用IT5～9。**表2**為節選一部分的標準公差。

　　例如，若是直徑10mm、公差等級 IT7，則軸孔的尺度公差為15μm；若是直徑100mm、公等級 IT7，則軸孔的尺度公差為35μm。由此可知，即便公差等級相同，標稱尺度愈大、公差範圍愈廣。

　　軸孔配合的尺度表示方式，是以公差域（tolerance zone）的位置符號加上公差等級，稱為**公差域等級**。

　　孔徑公差域的位置與符號如**圖6**所示。大寫字母A為距零線最遠的位置，接近零線依序為B、C、……，H底部與零線對

齊。之後，J、K、M、N位於中間，P、R開始遠離零線，ZC為距離最遠的位置。

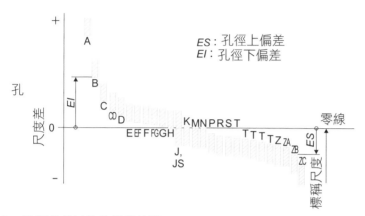

圖6　孔徑公差域的位置與符號

　　軸徑公差域的位置與符號如**圖7**所示。小寫字母a為距零線最遠的位置，接近零線依序為b、c……，h與零線對齊。之後，m、n開始遠離零線，zc為距離最遠的位置。

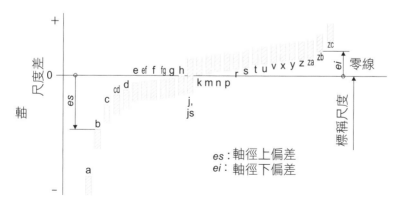

圖7　軸徑公差域的位置與符號

表3　常用的基孔制配合

基準孔	餘隙配合							過渡配合			干涉配合						
H6						g5	h5	js5	k5	m5							
					f6	g6	h6	js6	k6	m6	n6*	p6*					
H7					f6	g6	h6	js6	k6	m6	n6*	p6*	r6*	s6	t6	u6	x6
				e7	f7		h7	js7									
H8					f7		h8										
			e8	f8			h9										
			d9	e9													
H9			d8	e8			h8										
		c9	d9	e9			h9										
H10	b9	c9	d9														

標示＊的軸孔配合，視不同的區分尺度而有例外

　　表3為常用基孔制配合；**表4**為常用基軸制配合。

　　例如，由**表3**的基孔制可知，H7基準孔與h6軸的組合為「餘隙配合」；由**表4**的基軸制可知，h6基準軸與K6軸的組合為「過渡配合」。

　　軸孔尺度容許差的具體數值，需參照各統整表格（未收錄於本書）。

　　例如，欲求 ϕ 20H7的孔徑，讀表基準區分尺度H7的對應欄位，求得數值＋21、0，再將單位μm換算成mm：

孔徑的最大容許尺度＝標稱尺度＋上偏差

$$＝20.000＋0.021＝20.021\text{mm}$$

孔徑的最小容許尺度＝標稱尺度＋下偏差

$$＝20.000＋0.000＝20.000\text{mm}$$

表4　常用的基軸制配合

基準孔	孔的公差域等級														
	餘隙配合					過渡配合			干涉配合						
h5					H6	JS6	K6	M6	N6*	P6					
h6			F6	G6	H6	JS6	K6	M6	N6	P6*					
			F7	G7	H7	JS7	K7	M7	N7	P7*	R7	S7	T7	U7	X7
h7		E7	F7		H7										
			F8		H8										
h8		D8	E8	F8	H8										
		D9	E9		H9										
h9		D8	E8		H8										
	C9	D9	E9		H9										
	B10	C10	D10												

標示＊的軸孔配合，視不同的區分尺度而有例外

幾何公差

機械男：雖然學了尺度公差、軸孔配合，但我還有不懂的地方。前面以直徑說明了軸孔製作時的尺度，但軸孔都是圓形的對吧？如果圓出現變形時，該怎麼辦呢？

電子女：這麼說來，機械男在使用鑽床時常常手誤打歪呢……也難怪會在意了。不論是使用鑽床還是沖床加工，即便事前仔細測量，也很難打出直徑完全相同的圓形。

技術教授：沒錯。靠著製作物件的經驗，能夠衍伸出這個問題，值得稱讚。的確，圓在加工後無法保證必為真圓，所以還需要討論**幾何公差**。接下來就來學習幾何公差吧！

圖8 何謂真圓

（1）真圓度

若某圓內任相對兩點的距離皆相等的話，可說該圓為真圓嗎？其實，不盡然是如此。

最具代表性的反例是，以正三角形各頂點為圓心、邊長為半徑，所畫圓弧結合的**勒洛三角形**（Reuleaux triangle）。

無論如何轉動，相對兩點的長度皆相同

圖9 勒洛三角形

即便不是這麼極端的例子，機械零件皆需標註圓形形體偏離標準圓的失真程度。

如**圖10**所示，真圓度是指能包括物件形狀的兩標準圓，其同心圓的最小半徑差 t。

其中，**圖11**是真圓度的標註範例，意謂圓柱表面上任一與軸正交的剖面，其周圍介於同平面上兩半徑差為0.02mm的同心圓之間，變形程度小於0.02mm。

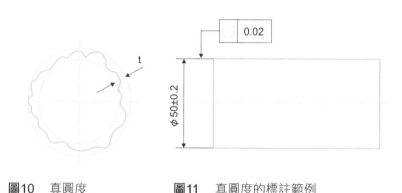

圖10　真圓度　　　　　　　**圖11**　真圓度的標註範例

（2）真直度

除了真圓度之外，圓柱的中心軸、表面也必需注意是否變形。真直度是指直線形體偏離標準直線的失真程度，亦即某直線的筆直程度。其關係如**圖12**所示。

其中，**圖13**是真直度的標註範例，意謂中心線在直徑0.01mm筆直圓筒內，變形程度小於0.01mm。

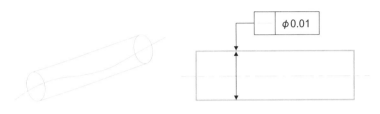

圖12　真直度　　　　　　　　圖13　真直度的標註範例

（3）真平度

　　真平度是指平面形體偏離標準平面的失真程度，亦即平面的平坦程度。其關係如**圖14**所示。

　　其中，**圖15**是真平度的標註範例，意謂平面在兩相距0.08mm的平行平面之間，變形程度小於0.08mm。

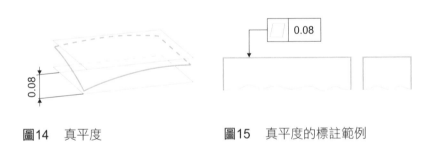

圖14　真平度　　　　　　　　圖15　真平度的標註範例

（4）圓柱度

　　單以真圓度無法充分表示立體物的形狀，尚需**圓柱度**補足。圓柱度是指圓柱形體偏離標準圓柱的失真程度。其關係如**圖16**所示。

其中，**圖17**是真平度的標註範例，意謂平面在兩相距0.02mm的同軸圓筒之間，變形程度小於0.02mm。

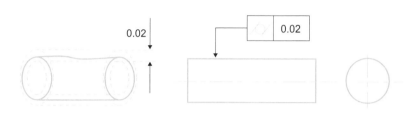

圖16　圓柱度　　　　　圖17　圓柱度的標註範例

（5）曲線輪廓度

曲線輪廓度是指曲線偏離標準輪廓曲線的失真程度。**圖18**表示，指定曲面的剖面線介於0.1mm的公差域。

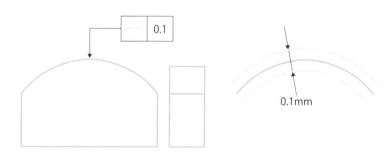

圖18　曲線輪廓度

（6）曲面輪廓度

曲面輪廓度是指曲面偏離標準輪廓曲面的失真程度。**圖19**表示指定曲面整體介於0.1mm的公差域。

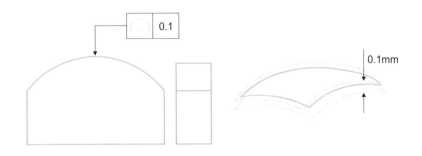

圖19 曲面輪廓度

機械男：沒想到，想製作正確形狀的機械零件，還需要加上這麼多繁瑣的標註。真是嚇到我了！

電子女：是啊！雖然我還沒製作過精密物件，所以還感受不到困難，但這些標註項目看了就眼花！

技術教授：這些只是入門的內容，其他還有更繁瑣的標註喔！但是，若將所有的線面都加以標註，作圖會過於耗時費力。因此，如同尺度通用公差的作法，在討論幾何公差時，若單面擁有複數幾何特性且未特定要求的場合，為了簡化圖面標示，會採用概括幾何公差的**通用幾何公差**（general geometrical tolerance）。首先把幾何公差學好，必要時再特別標註上去吧！

（7）通用幾何公差

　　雖然圖面上可標註真圓度、真直度、真平度、圓柱度、曲線輪廓度、曲面輪廓度等，但若未特別要求，為了簡化圖面標

示，會採用概括幾何公差的通用幾何公差。真直度與真平度的通用公差如**表5**所示

　　套用通用幾何公差時，需在圖面標註「各項未標示的公差請參照 JIS B 0405」。

　　例如，公差等級K、標稱長度（nominal length）20mm，則真直度與真平度的通用公差為0.1mm

表5　真直度與真平度的通用公差　　　　　　　　　　　單位：mm

公差等級	標稱長度的區分					
	小於10	10 ～ 30	30 ～ 100	100 ～ 300	300 ～ 1000	1000 ～ 3000
	真直度公差與真平度公差					
H	0.02	0.05	0.1	0.2	0.3	0.4
K	0.05	0.1	0.2	0.4	0.6	0.8
L	0.1	0.2	0.4	0.8	1.2	1.6

　　前面介紹的幾何公差，皆是針對單一形體的標註。而**基準**（datum）則是針對平行度、垂直度、傾斜度等進行標註。

　　基準分為標註平行度、垂直度、傾斜度等的**方位公差**（orientation tolerance）；標註正位度、同心度、對稱度等的**位置公差**（positional tolerance），以及標註旋轉體偏轉等的**偏轉公差**（runout tolerance）。

　　本書不會詳細說明以上公差，想要深入了解幾何公差，可自行參照相關基準。

電子女：幾何公差真是深奧，我得先熟記前面的基本公差才行……。

表面織構

技術教授： 接著要講更細節的部分，也就是機械零件的表面。從事過銑床等金屬切削加工的人，應該都有過經驗，加工後的金屬表面時而光滑，時而粗糙。為了加速切削，一開始的粗製加工，會設定較大的進給量與進給速率，在最後的精密加工時，則減緩進給速率來研光表面。

雖然加工過程中有時也會直接進行電鍍或者塗裝，但通常會再進行**研磨加工**，使用磨粒進一步研光表面。各位在機械製造的課程中，曾經學過高速旋轉磨石加工表面的**磨削加工**。我們接著將學習加工物的表面光滑或表面粗糙時，圖面上的標註方式。

機械男： 的確，在銑床實習時，如果作成的機械零件表面不夠平整，後續會再用研光機進一步研光。我很想知道，該怎麼在圖面上標註光滑程度呢？

圖20 材料表面的狀態

（1）量測表面織構

如欲了解材料表面的狀態，一般會使用**觸針式表面粗糙度測定機**，以觸針沿著表面量測，將凹凸程度畫成曲線。此測定機量測的剖面曲線（profile curve），依凹凸大小（波長）分成凹凸較小的**粗糙度曲線**（roughness curve）及凹凸較大的**波度曲線**（waviness curve）。

量測的曲線

量測物

圖21 觸針式表面粗糙度測定

測量曲線的處理方法有數種，其中最為常用的粗糙度參數是**中心線平均粗糙度（Ra）**。這是在粗糙度曲線上取樣基準長度，取平均線上下部分的平均值，亦即各點高度的絕對值平均。

平均值m

$$Ra = \frac{1}{\ell} \int \{f(x)\}dx$$

圖22 算術平均粗糙度（Ra）

最大粗糙度（Rmax），指的是在粗糙度曲線的平均線方向取樣基準長度，在該長度內波鋒最大值Rp與波谷最小值Rv的相加值，單位為μm。計算Ry（最大高度）時，基準長度宜避免取在波鋒過高或者波谷過低有如刮痕的位置。

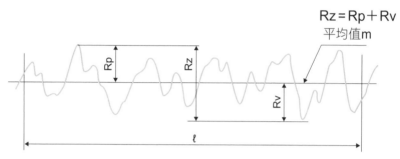

圖23　最大粗糙度（Rmax）

（2）表面織構的標註法

表面織構的標註曾經歷多次修訂，如今以圖24的指示符號表示，必要時也可加上其他符號與數值。

基本圖示符號　　必須切削加工　　不得切削加工

圖24　表面織構的標註法

　　表面粗糙度的標註方式如**圖25**所示，在指示符號的周圍加註表面粗糙度值、截止值（cut-off value）或者基準長度，以及加工方法、刀痕符號、表面起伏等。實際上，有時會直接套用標準值，a至e未必會全部加註。

a：傳輸波域、基準長度、表面織構參數符號與其數值
b：存在兩個以上的參數時，用以加註第二項以後的參數
c：加工方法
d：紋理與其方向
e：加工裕度（machining allowance）

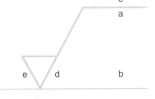

圖25　表面織構的加註位置

　　標準值是工業規格中，用於指定製品等尺度的基準值，如**表6**所示。其中，綠色數值會優先使用。

表6　Ra的標準值列　　　　　（單位：μm）

	0.012	0.125	1.25	12.5	125
	0.016	0.160	1.60	16	160
	0.020	0.20	2.0	20	200
	0.025	0.25	2.5	25	250
	0.032	0.32	3.2	32	320
	0.040	0.40	4.0	40	400
	0.050	0.50	5.0	50	
	0.063	0.63	6.3	63	
0.008	0.080	0.80	8.0	80	
0.010	0.100	1.00	10.0	100	

用於標註表面織構的標準值列**表6**中，以切削加工來說，6.3為經濟實惠且漂亮的加工面；3.2為中級的加工面；1.6為良好的加工面；0.2、0.1為精密的加工面。

圖26 符號範例

d的位置加註**紋理**與其方向，相關符號如**表7**所示。

表7 紋理方向的符號

符號	意義
＝	加工的刀痕方向與標記符號圖的投影面平行。例：牛頭刨削面。
⊥	加工的刀痕方向與標記符號圖的投影面垂直。例：牛頭刨削面（側面觀看）。
X	加工的刀痕方向與標記符號圖的投影面傾斜成2個方向交叉。例：搪磨加工面。
M	加工的刀痕方向為多方向或者無固定方向交叉。例：研光加工面、超級精磨加工面、橫送正面銑削面或者端銑銷面。
C	加工的刀痕方向與標記符號圖的中心大致成同心圓。例：端面車削面。
R	加工的刀痕方向與標記符號圖的中心大致成放射狀。

c的位置加註加工方法，相關符號如**表8**所示。

表8　加工方法

加工方法	代號		加工方式	代號	
	I	II		I	II
車削	L	車	搪光	GH	搪光
鑿孔（鑽孔加工）	D	鑽	液體搪光	SPL	液體搪光
搪孔	B	搪	滾筒研磨	SPBR	滾筒研磨
銑削	M	銑	擦光	FB	擦光
刨削	P	刨	噴砂磨光	SB	噴砂
牛頭刨削	SH	牛頭刨	研光	FL	研光
拉削	BR	拉	銼削	FF	銼
鉸削	FR	鉸	刮削	FS	刮
輪磨	G	輪磨	砂紙磨光	FCA	砂光
砂帶磨光	GB	砂帶	鑄造	C	鑄

機械男：機械製圖不只是要理解圖形幾何學，還必須知道零件的加工方式，需要機械製造的相關知識。

電子女：除了機械實習學到的，我也想知道其他還沒有碰過的製造法。

技術教授：考考你們，下面的符號代表什麼意思呢？

圖27　　　　　　　　　　　　　圖28

機械男：圖27是算術平均粗糙度3.2μm的車削加工，紋理方向大致與投影面成垂直！

電子女：圖28是不得切削加工，中心線平均粗糙度為100μm。100μm就是0.1mm，表面相當粗糙。

技術教授：答的很好，看來你們都懂了。下面的符號，一般來說雖然應該要標註所有部分，但如果表面織構大部分都相同，會以圖29的方式來標註圖形全體。括弧內的2個符號，同樣也用來表示圖面的狀態。換句話說，表面織構全部共有3種。

$$\sqrt{}\text{Ra50} \quad \left(\sqrt{}\text{Ra25} \quad \sqrt{}\text{Ra6.3} \right)$$

圖29

機械男：這樣一來，就能同時在圖面上表示材料表面光滑或粗糙的地方了！

電子女：我之前都不知道，圖面上有這麼多繁瑣的標註，但仔細想想，即使依照尺度規定的加工，還是得區分表面光滑的地方和粗糙的地方。這樣一來，是否確實標註規格，就顯得更重要了！

第5章
繪製機械元件

我們已在前面學到基本的製圖知識與使用 3D CAD繪製基本圖形，接下來終於要說明正式的機械製圖。本章我們將學習常用於各種機具的螺絲、齒輪、彈簧等機械元件的製圖。

繪製螺絲

①螺絲的基礎

　　螺絲是用於固定機械零件、傳達運動的常見機械元件，螺紋分為螺旋溝槽刻鑿圓柱外側的**螺絲**（Screw）與刻鑿於內側的**螺帽**。關於螺絲的尺度，螺絲的**大徑**與螺帽的**小徑**稱為**標稱直徑**。螺紋的頂端為**螺峰**、螺紋的溝槽為**螺根谷**，螺峰與螺峰的距離稱為**螺距**。一般**公制螺紋**的螺紋角為60度。常用螺絲分為向右旋緊的**右螺紋**，與向左旋緊的**左螺紋**。

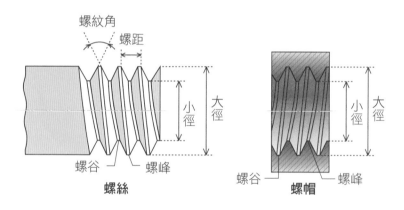

圖1　螺栓與螺帽

②繪製螺絲

　　在說明螺絲之前，先來說明鑽頭鑿洞的**孔徑**與**孔深**，標註方式如圖2所示。鑽頭的前端尖銳，但有效深度僅到圓柱部分。「φ8 × 20」表示直徑8mm、深度20mm的孔洞。

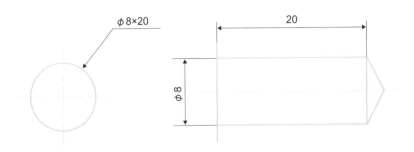

圖2　孔徑與孔深的標註

　　若每次製圖都畫出螺絲的螺旋部分，作業會過於繁瑣，所以本書繪製螺絲的部份，是使用日本工業標準（JIS）規範的簡化標註。

　　螺絲的側視圖或者剖視圖，會以粗實線表示螺峰、細實線表示螺谷。

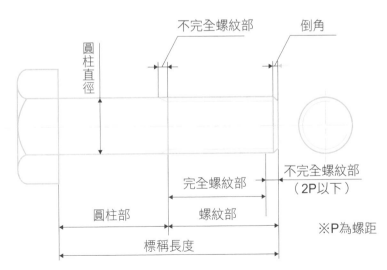

圖3　六角頭螺絲的製圖範例

圖3是六角頭螺絲的製圖範例。**標稱長度**是表示螺栓元件的具代表性尺度。螺紋部長度由**完全螺紋部**與**不完全螺紋部**組成。不完全螺紋部，是指螺紋加工時螺峰與螺谷不完整的螺旋部分。**圓柱部**是指沒有螺紋的部分。其他還有整個軸部都刻鑿螺紋的**全螺紋**。

　　螺絲的螺峰以粗實線表示，螺谷以細實線表示，而完全螺紋部與不完全螺紋部的邊界是以粗實線表示。在螺絲的端視圖中，外徑線的內側會再畫 $\frac{3}{4}$ 圓的細實線表示螺谷。

　　另外，**標稱直徑**10mm螺絲指的是螺絲大徑10mm。螺帽通常會先開鑿**導孔**，再刻鑿螺紋部，但若作業前沒有注意到這件事，會以為標稱直徑10mm的螺帽是指開鑿直徑10mm的導孔，導致內螺紋刻鑿工具沒有辦法囓合，刻劃不出螺紋。螺帽的導孔直徑是指小徑，必須小於螺絲的大徑。

　　需要表示隱藏螺紋的地方，如圖4所示，螺峰與螺谷會以細虛線表示。在45°斜線表示剖面的螺帽圖示中，開鑿螺帽導孔的鑽頭前端會以夾角120°的粗實線表示。

　　螺樁（圖5）是兩端刻有外螺紋，其中一端鎖入機械本體的螺絲，其製圖範例如下頁（圖6）所示。

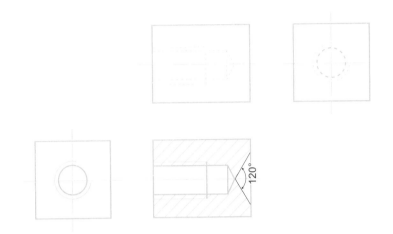

圖4　隱藏螺紋的標註

機械男：前幾天，我在課堂上學到螺絲的內容，實際接觸螺絲的製圖後，才感受到其中的深奧。每次光是繪製1根螺絲，都得繃緊神經畫線，感覺好費神喔！

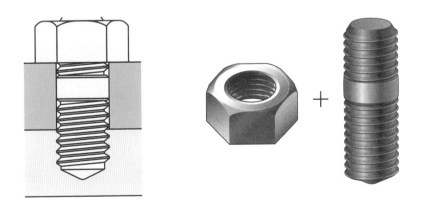

圖5　螺樁

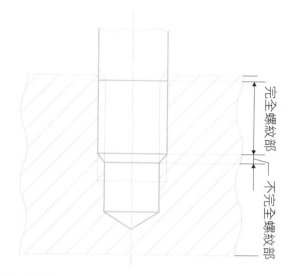

完全螺紋部

不完全螺紋部

圖6　螺樁的製圖範例

③螺絲零件的指示與尺度標註

　　螺絲有大大小小的種類，需在圖面上確實註寫指示與尺度標註。一般來說，圖面上會註寫名稱、等級（例如4H、6h等尺度公差的符號）、旋向（右螺絲通常簡寫為RH、左螺絲通常簡寫為LH）。螺絲的長度尺度會標註出來，但導孔前端部的**盲孔深度**通常會省略。

　　圖7與**圖8**分別表示，標稱直徑12mm、深度16mm的螺紋與孔徑10.2mm、孔深20mm的導孔。

　　另外，導孔的孔徑與孔深多半會省略。其中，初學者容易誤以為標稱直徑12mm的螺紋，是指開鑿直徑12mm的導孔，這邊需要注意別混淆了。

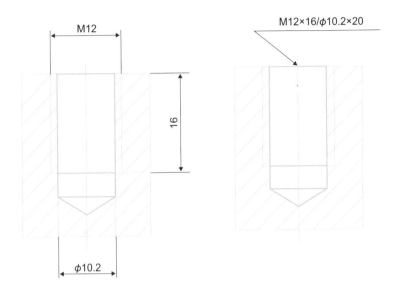

圖7　螺紋的尺度標註範例1　　　　**圖8**　螺紋的尺度標註範例2

電子女：螺絲有好多種類，標註方式也非常多。我會努力記住的！

　　一般的螺絲除了螺牙形狀之外，還會依照頭部的形狀、凹槽來區分。若全部標註，螺絲的製圖將過於繁雜，所以會使用JIS規範如**圖9**的簡化標註。

④3D CAD的螺絲製圖

　　螺絲是具代表性的機械元件，各種規格品都有其相關規範。3D CAD有繪製螺旋的指令，可作圖螺峰、頭部形狀等。

No.	名稱	簡略圖示	No.	名稱	簡略圖示
1	六角頭螺絲	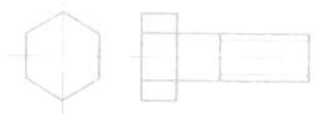	9	十字埋頭小螺絲	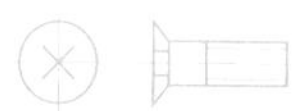
2	方頭螺絲		10	一字固定螺絲	
3	內六角螺絲		11	一字木螺絲與自攻螺絲	
4	一字平頭小螺絲（盤頭形狀）	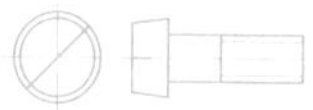	12	蝶形螺絲	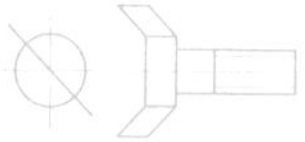
5	十字平頭小螺絲	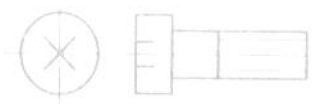	13	六角螺帽	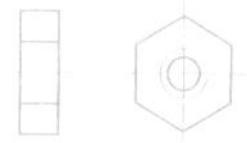
6	六角開槽螺帽	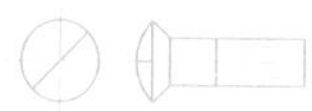	14	六角開槽螺帽	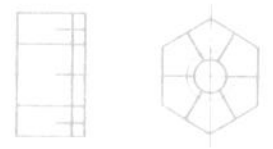
7	十字扁圓埋頭小螺絲	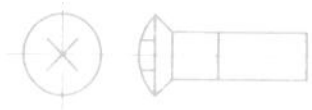	15	方螺帽	
8	一字埋頭小螺絲		16	蝶形螺帽	

圖9　常用螺絲的簡易圖示法

但是，除了製作新式螺絲形狀之外，機械設計者通常會使用制式的標準零件。

　　3D CAD自帶這些標準機械元件的數據零件庫，只要從中選擇所需螺絲形狀，再指定標稱直徑、標稱長度，便能作成螺絲。下面所舉的螺絲製圖範例，是使用機械學系3D CAD軟體SolidWorks的Toolbox零件庫。利用該零件庫，可以省下逐一作圖標準零件的步驟。

　　手繪螺牙的2維圖面是件繁瑣的作業，所以下面來介紹簡略圖。3維圖面可作成如圖10a省略螺牙的圖面，但我們通常會選擇如b大略畫出螺牙的製圖。

　　圖11是更清楚表現螺牙的製圖。這樣的螺牙表現，只要點擊指令就能輕鬆作成，非常方便。而且，按住左鍵拖曳滑鼠還能轉換任意方向檢視螺絲。另外，下面的圖示分別為十字平頭小螺絲與十字埋頭小螺絲。

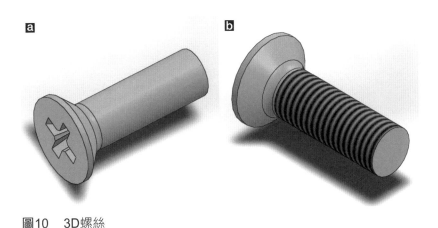

圖10　3D螺絲

內六角螺絲與六角頭螺絲如圖12所示。

我們也能繪製其他相關零件，像是各種螺帽、墊圈（圖13、14）。

圖11　十字平頭小螺絲（左）與十字埋頭小螺絲（右）

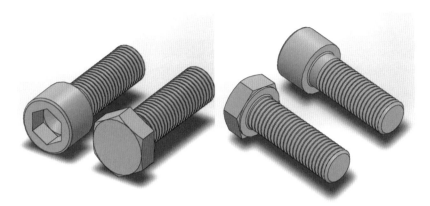

圖12　內六角螺絲（左）與六角頭螺絲（右）

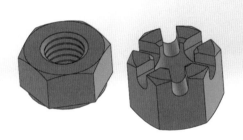

圖13　六角螺帽（左）與六角開槽螺帽（右）

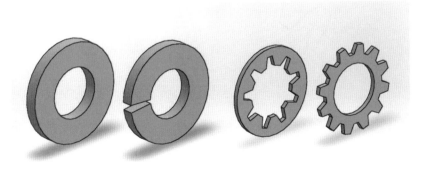

圖14　墊圈（依序為平墊圈、彈簧鎖緊墊圈、內外齒鎖緊墊圈）

繪製齒輪

①齒輪的基礎

　　齒輪是外圍有著許多齒狀突出的圓板，用以傳達機具旋轉運動的常見機械元件。2枚齒輪相互嚙合的點稱為**節點**，節點連成的圓稱為**節圓**。齒輪上其他相關的圓，還有齒冠連成的**齒頂圓**與齒根連成的**齒底圓**。

　　齒輪的齒型大小為**模數**m（module），等於節圓的直徑 d〔mm〕除以齒數z〔齒〕的數值。

$$模數\ m = \frac{節圓的直徑\ d}{齒數\ z}$$

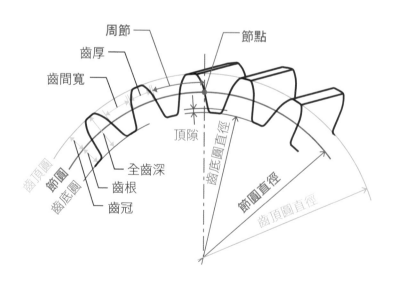

圖15　齒輪的各部位名稱

②繪製齒輪

　　繪製螺絲時不會畫出所有螺牙，而是使用JIS規範的簡化標註。繪製齒輪時同樣也不畫出所有輪齒，而使用規範的簡化標註。

　　齒輪的繪製是以與軸垂直的方向為正視圖，JIS規範的圖示方法如下：

（1）**齒輪的齒頂圓以粗實線表示。**

（2）**節圓與節線以一點細鏈線表示。**

（3）**齒底圓以細實線表示，在側視圖可省略，但正面的剖視圖需改為粗實線。**

（4）**齒輪旋向以三條細實線表示。**

（5）**一對嚙合齒輪的齒頂圓皆以粗實線表示，但在正面剖視圖的嚙合處，其一齒頂圓需改為中等粗細的虛線。**

正視圖

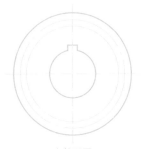

側視圖

圖16　正齒輪

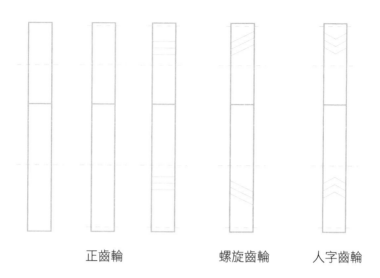

正齒輪　　　螺旋齒輪　　　人字齒輪

圖17　一對嚙合正齒輪的簡圖

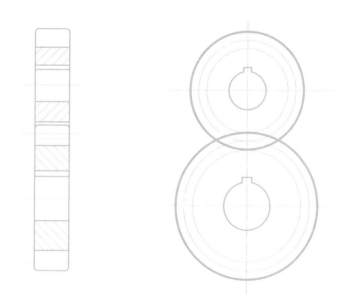

圖18　一對嚙合的正齒輪

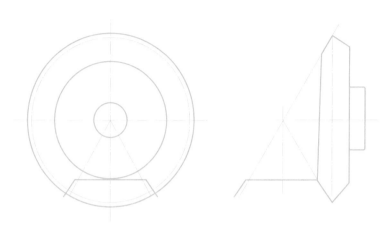

圖19 戟齒輪

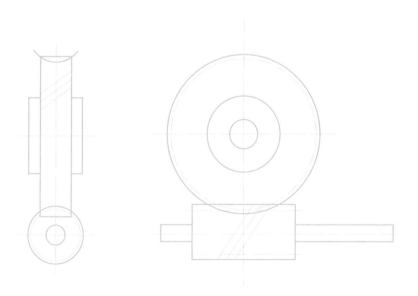

圖20 嚙合的蝸桿與蝸輪

齒輪各部的尺度可用簡略圖示標註，但需在圖面外另作**要目表**，記載齒型、齒數、尺厚等細節。尤其是委外代工的齒輪圖面，若未詳細記載細節，作業時可能會無所適從，這些細節必須明確記載才行。

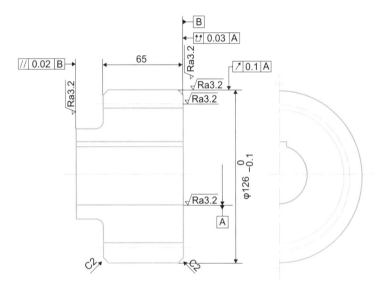

單位：mm

正齒輪				
齒輪齒型	轉位		加工方式	滾齒切削
基準齒條	齒型	並齒	精度	
	模數	6	備註	配對齒輪轉位量　　　　0 配對齒輪齒數　　　　50 中心距離　　　　207 齒隙　　　0.20～0.89 ＊材料 ＊熱處理 ＊硬度
	壓力角	20°		
齒數		18		
基準節圓直徑		108		
轉位量		+3.16		
全齒深		13.34		
齒厚	跨齒厚	$47.96^{-0.08}_{-0.38}$ （跨齒數＝3）		

圖21　正齒輪的圖面與要目表

130

③3D CAD的齒輪製圖

　　與螺絲的製圖相同，這邊介紹使用SolidWorks的Toolbox零件庫的範例。利用零件庫，我們能夠輕鬆完成標準零件的作圖，但在選擇設定上，仍需有齒輪的模數、齒數等相關知識。

　　圖面上的**壓力角**，指的是在齒面的節點上，半徑線與齒型切線所夾的角度，通常會指定20度。

圖22　正齒輪

圖23　螺旋齒輪

圖24　斜方齒輪

機械男：齒輪果然還是要畫出齒型才有實感，看起來就像是真的在轉動一樣！

電子女：我也這麼覺得！但是，我不想自己把齒型一個一個畫出來，還好有3D CAD這樣的軟體，省下了不少功夫。

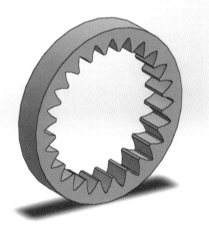

圖25　內齒輪

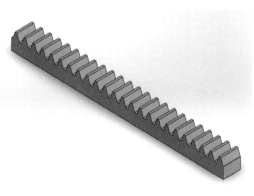

圖26　齒條

繪製彈簧

①彈簧的基礎

彈簧是利用受力變形後自行復原的**彈性變形**儲存彈性位能，緩和振動、衝擊的機械元件。彈簧的受力載重 F〔N〕與伸長量 x〔mm〕的關係，滿足**虎克定律**。比例常數 k 稱為**彈簧常數**，常數大的彈簧較緊、不易變形；常數小的彈簧較鬆、容易變形。

$$F = kx \quad [\text{N}]$$

將線材捲成螺旋狀的彈簧，稱為**螺旋彈簧**，運用廣泛。螺旋彈簧分為利用壓縮載重變形的**壓縮螺旋彈簧**、利用張力載重變形的**拉伸螺旋彈簧**以及利用扭轉載重變形的**扭轉螺旋彈簧**。

壓縮螺旋彈簧　　　　　拉伸螺旋彈簧　　　　扭轉螺旋彈簧

圖27　螺旋彈簧的種類

②繪製彈簧

　　與螺絲、齒輪相同，繪製螺旋彈簧時不會畫出所有簧圈，而是使用JIS規範的簡化標註。圖示的表示方式分為彈簧的外型、剖面，或者僅以粗實線表示中心線。一般來說，彈簧會畫成尚未受任何載重的自然形狀，若沒有特別要求，以右旋彈簧為主。

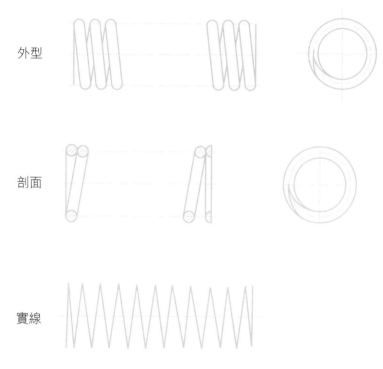

外型

剖面

實線

圖28　壓縮螺旋彈簧的簡圖範例

外型

實線

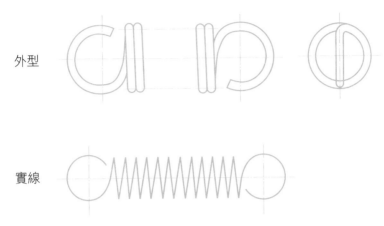

圖29 拉伸螺旋彈簧的簡圖範例

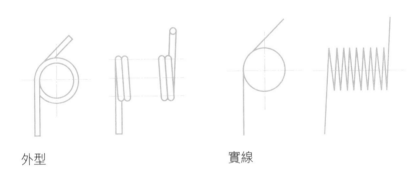

外型　　　　　　　　　　　　實線

圖30 扭轉螺旋彈簧的簡圖範例

・**拉伸螺旋彈簧的製圖範例**

　　彈簧各部可用簡圖標註尺度，但彈簧的製圖與齒輪相同，除了圖面還需另作要目表，記載線徑、螺旋直徑、總圈數、彈簧常數等細節。

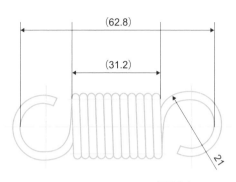

要目表

要目表		SW-C
線徑	mm	2.6
簧圈平均直徑	mm	18.4
簧圈外徑	mm	21±0.3
總圈數		11.5
旋向		右
自由長度	mm	（62.8）
彈簧長度	mm	6.26
起始張力	N	（26.8）
指定	載重　　　　　　N	－
	受力時的長度　　mm	－
	長度　　　　　　mm	86
	拉伸時的載重　　N	172±10%
	應力　　　N/mm^2	555
彎鉤形狀		圓鉤
表面處理	成形後的表面加工	－
	防鏽處理	塗抹防鏽油

備註1.用途與使用條件：室內、常溫　2.1N/mm^2＝1MPa

圖31　拉伸旋轉彈簧的作圖範例

機械男：彈簧是跟螺絲、齒輪同樣重要的機械元件，所以也得記住彈簧的製圖方式才行！

電子女：彈簧還分成壓縮用的彈簧和拉伸用的彈簧等，沒想到有這麼多種！

③3D CAD的彈簧製圖

不同於螺絲、齒輪，Solidworks的
Toolbox沒有自帶彈簧的數據，只能實
際作圖。

首先，點選【螺旋曲線/渦捲線】
繪製螺旋，先設定基準圓的直徑
20mm，再指定彈簧的圈數10、螺距
6mm、高度60mm等數值。作成螺旋曲
線後，點擊曲線兩端，設定彈簧的線
材直徑2mm。

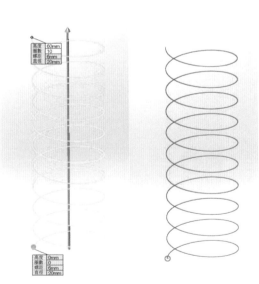

圖32 繪製螺旋彈簧

接著，再點選「掃出」，使直徑2mm的圓沿著螺旋曲線移動，作成立體的螺旋彈簧（圖33a）。再來，將一開始的高度另外設為40mm，作出螺旋彈簧從長度60mm受力壓縮20mm的圖33b。

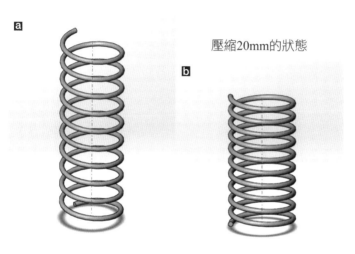

壓縮20mm的狀態

圖33　完成的螺旋彈簧

機械男：完成螺絲、齒輪、彈簧等機械元件後，感覺比較像在做機械製圖了，但操作突然變得好難。我想這是因為我還不夠理解機械元件吧。雖然在課堂上學到基本知識，但自己還沒有實際應用到機械設計上……。

技術教授：沒錯。機械製圖並非單純操作3D CAD的指令，還需要結合前面所學到機械設計、機械製造的知識。雖然一開始可能覺得不順手，但請努力堅持到底吧！

繪製軸承

①軸承的基礎

軸承是支撐機具旋轉運動的重要機械元件。在前面齒輪的部分曾經提過，輪齒相互嚙合的旋轉及力量，會透過齒輪中間的輪軸傳遞。輪軸長時間轉動，軸棒的兩端會如何呢？兩零件相接觸必有摩擦產生，造成傳遞動力的散失。軸承就是能減少摩擦元件。

軸承分為利用滾珠或滾針滾動摩擦的**滾動軸承**，與利用輪軸周圍和支撐面滑動摩擦的**滑動軸承**。此節主要說明各標準零件常用的機械元件──滾動軸承。

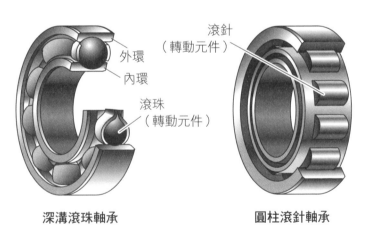

圖34　滾動軸承

②繪製滾動軸承的製圖

在JIS中，針對滾動軸承的種類、形狀、尺度等有其規範，一般來說會選用標準零件。軸承內部有著多顆滾珠、滾子等**滾動元件**，但製圖上不會畫出所有滾動元件，而是使用JIS規範的簡化標註。

作為一般的滾動軸承，在此舉常用的**深溝滾珠軸承**為例，製圖範例如**圖35**所示。實際上，我們不用畫成圖右也能夠掌握細節，一般僅畫成左圖。另外，在表示軸承的形式及列數時，滾珠、滾子的部分可使用簡圖表示，僅在中心標註「＋」（**圖36**）。在JIS中，各部的主要尺度有其規範，圖面上通常不另外記述。

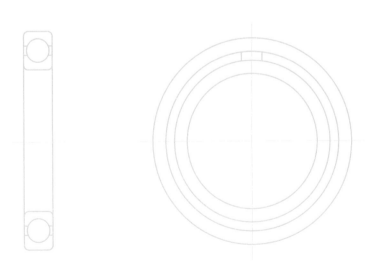

圖35　深溝滾珠軸承的製圖範例

	單列深溝滾珠軸承	單列圓柱滾子軸承	雙列深溝滾珠軸承	雙列圓柱滾子軸承
圖形				
簡化標註				

圖36 滾動軸承的圖形與簡化標註

　　滾動軸承的**標稱號碼**，是由基本號碼和輔助符號組成。基本號碼包含表示軸承形式、寬度、直徑的**尺度系列符號**，與軸承內徑號碼、接觸角等符號；輔助記號包含內部尺度、封閉或封蓋、座圈環形狀等符號。依簡略圖示區分使用這些符號，在進行機械設計時，選擇適當的滾動軸承。

③3D CAD的滾動軸承製圖

　　滾動軸承的設定有搪孔、外徑、厚度、滾珠數量等。如**圖37**所示，a是不顯示滾珠的簡圖；b是顯示滾珠的詳細圖。另外，**圖38**是圓柱滾子軸承；**圖39**是圓錐滾子軸承。

屬性	
大小	
192	
搪孔	2
外徑	6
厚度	2.3
滾珠數量	
8	
顯示	
簡略化	
説明	

圖37　　滾動軸承

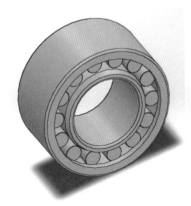

圖38　　圓柱滾子軸承

圖39　　圓錐滾子軸承

軸周邊零件的製圖

①鍵（key）

齒輪、滑輪必有中心軸，而**鍵**是用來固定中心軸與機件的元件。雖然僅是小零件，卻是機械設計上需清楚掌握的元件，使用時，必須於圖面標註。

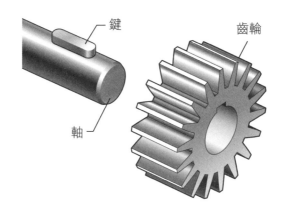

鍵

齒輪

軸

圖40　鍵的功用

如圖41所示，鍵依用途分為以下幾種。**方鍵**是一般常用的鍵，四個面相互平行，搭配對應大小的鍵槽使用。方鍵依照末端形狀的不同，又分為雙頭圓、單頭圓、兩方頭。另外，呈半月形狀的**半圓鍵**，常用於前端漸細的錐度軸，但不適用於大載重的傳動。在JIS中，鍵及鍵槽的尺度皆有詳細規範。

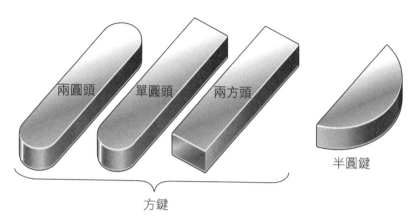

圖41　各種軸鍵

　　方鍵與方鍵槽如**圖**42所示。圖中 d、h 等部分，根據JIS的規範，依不同種類的尺度填入規定數值。

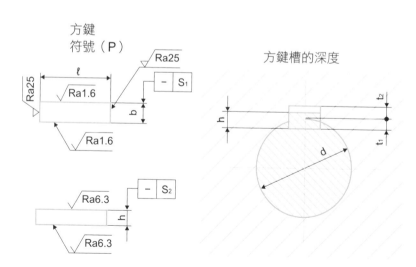

圖42　方鍵與方鍵槽的圖示

②銷（pin）

　　銷是用於受力小於鍵的地方，像是軸、螺絲等需要防鬆、定位的位置。

　　定位銷、錐形銷、開口銷如**圖43**所示。圖中 l、a、c 等部分，根據JIS的規範，依不同種類的尺度填入規定數值。

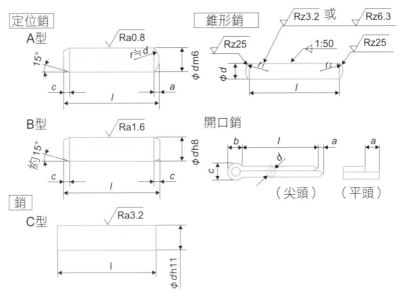

圖43　各種銷的圖示

③3D CAD的鍵與銷製圖

　　鍵與銷並非複雜的形狀，可直接作成 3 D 圖面，但SolidWorks有內建鍵與銷的數據，可直接套入這些數據作圖。根據每次輸入具體的數值，決定作成的形狀。

　　圖44是方鍵與半圓鍵；圖45是開口銷、定位銷與彈簧銷。
定位銷分為一端倒角一端圓面的A型、兩端倒角的B型、兩端非
倒角的C型。

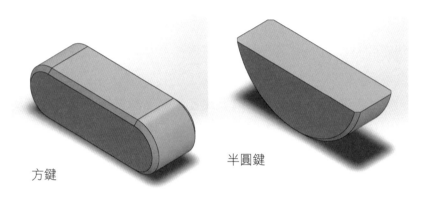

方鍵

半圓鍵

圖44　各種鍵

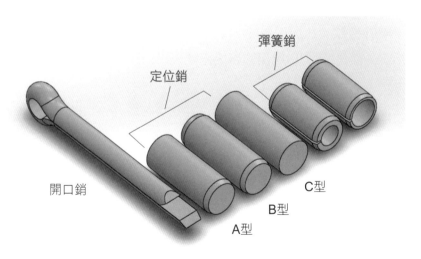

彈簧銷

定位銷

開口銷

C型

B型

A型

圖45　各種銷

熔接

①熔接的基礎

　　熔接是接合部材的製造法，依照不同材料施加熱、壓力或兩者同時作用，使接合處展現連續性，必要時添加適當的熔填金屬。

　　熔接的種類分為使用氧氣與乙炔的**氣體熔接**；促使金屬材料與熔接條間產生電弧（電漿的一種）的**電弧熔接**；在兩金屬材料間通入電流，利用電阻熱熔化金屬來壓接的**電阻熔接**（其中，以點接觸的壓接另稱為**點熔接**）；利用氬氣等惰性氣體遮斷熔融金屬與大氣接觸，促使鎢極與金屬材料間產生電弧的**TIG熔接**。

　　熔接部材的結合方式稱為**熔接接合**，依熔接處的形狀分為不同的種類。在加工現場，不會每次都畫出如圖46的草圖給予指示，而是使用JIS規範的熔接符號。

對頭接合　　　　　　　角隅接合　　　　　　　T形接合

圖46　熔接接合

②熔接的製圖

　　熔接符號是以**箭頭**指示熔接處，在**基線**上標註**熔接符號**，必要時在**尾叉**加註補充指示。

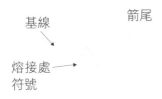

　箭頭

圖47　熔接符號的圖示

　　兩金屬板的熔接方法有很多種，下面介紹幾項簡單的方法。

　　圖48a的**I型槽**，是將兩金屬板間距2mm並排的熔接方式。符號標註如**b**所示。

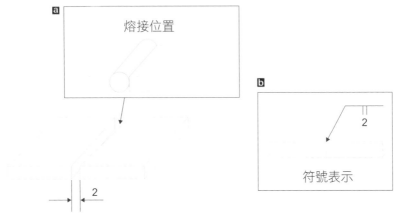

圖48　I型槽熔接

因應不同情況，熔接處會選用各種形狀的開槽。預留開槽可減少熔接處的隆起、增加熔接的強度，常見的V型槽如圖49所示。a為兩金屬板間距2mm、V槽角度60°、高10mm的V行槽，符號標註如b所示。

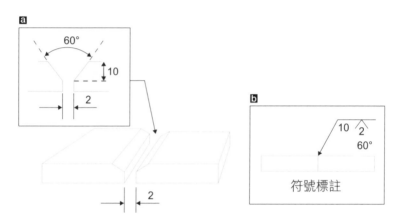

圖49　V型槽

　　圖50是熔接兩垂直金屬板交接處的**填角熔接**（fillet weld）與其符號標註。

圖50　填角熔接

　　填角熔接中，若需熔接箭頭相反側，會在基線上方標註三角形符號；熔接兩側時，會在基線上下都標註三角形符號。

圖51　填角熔接

機械男：沒想到熔接也和製圖有關係。我在機械實習時有操作過電弧熔接，這讓我回想起開槽加工的困難。以我現在的技術，還沒有辦法做出圖示一樣漂亮的熔接。我想我大概不善於熔接吧。為了能夠外包熔接作業，我得好好學習如何繪製圖面才行！

電子女：我沒有做過熔接，所以沒什麼概念，但我的電路板軟銲很厲害喔！

技術教授：熔接和軟銲有相似的地方，兩者都是在高溫下作業，必須嚴加注意，小心別燙傷喔！

板金

①板金的基礎

　　將金屬板材作成所需尺度、形狀的物件加工，稱為**板金加工**。加工方式有剪切、鑿洞，以及折彎加工、沖壓加工等。圖52是板金加工的製品範例，結合了折彎加工、鑿洞及點熔接。在物件製作上，板金加工經常與熔接加工搭配進行。

圖52　板金加工的製品

　　折彎加工是將板材置於沖頭與模具間，以沖頭折彎板材。或許有人會認為，僅僅彎曲一定厚度的板材，加工作業與圖示標示應該都不困難。但其實，折彎加工與圖示標示卻並不容易。以下，將統整幾項重點。

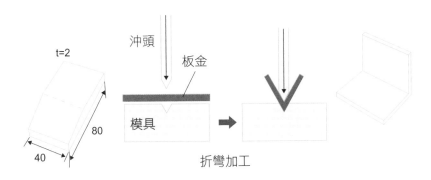

圖53 折彎加工

　　首先，進一步來看彎曲板材。折彎一定厚度的板材時，折彎處受到彎曲應力。此時，靠近沖頭的內側受到壓力作用、外側受到張力作用。其中，在板材中央附近，存在不受壓力、張力作用的部分，形成一條**中立線**。進行板材的折彎加工時，折彎會改變物件的尺度。

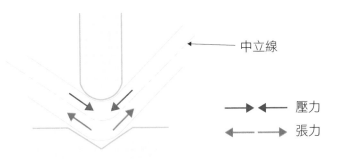

圖54 彎曲應力

舉例來說，如**圖53**所示，假設我們想在寬40mm、長80mm的板材中央，進行90°的**V型折彎加工**。起始長度L＝80mm，但進行折彎加工後，長度A加上長度B卻不是80mm，彎曲伸長為81.5mm。此伸長量會因材料的種類、厚度、V型槽的幅度而有所不同，需要事前對照補正表，掌握折彎造成的長度變化。CAD附有依材料種類、厚度等自動計算補正量的功能。

L＝A＋B－C（C需要進行補正）

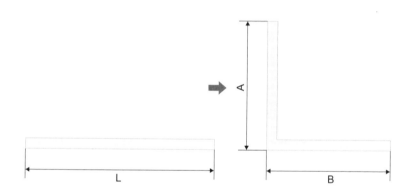

圖55　V型折彎加工

②繪製板金

　　繪製板金的製圖時，需要計算補正量。另外，因為金屬板的厚度固定，厚度2mm的場合，只要在圖面上記述t＝2，就可不用以尺度線另外標註厚度。

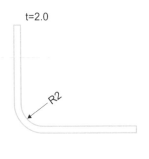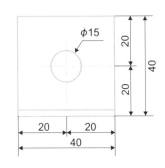

圖56　板金製圖

　　折彎、鑿洞等簡單的板金製圖範例如**圖56**所示。圖面看似簡單，實際進行加工時，仍會遇到許多問題，像是該用鑽頭鑿洞還是沖壓打穿？折彎、鑿洞要先進行哪個？

　　其中，難度最高的形狀是使用單片金屬板進行兩次折彎的ㄈ字型，亦即**圖52**的形狀。當已經折彎一次的材料，在別的部分再進行一次折彎，原先彎曲的部分會阻礙到加工機具，造成難以加工的窘境。

　　這個問題並不限於板金加工，雖然從圖面看來很簡單，但實際加工的可行性，端看使用的工具機及加工順序而定。因此，從事機械製圖，也需要具備機械設計、機械製造的知識。

第6章
3D CAD分析與運用

3D CAD除了單純繪製圖面之外，也能分析機械運作的構造、分析機械受力與變形的強度等，具有各種運用方式。在本章將介紹這些運用方式。

3D CAD的各種運用方式

　　機械的定義是「供給某種能量後，以某種機置執行特定動作，完成有效率的作業」的機具。因此，3D CAD除了單一零件的圖面之外，在結合複數零件的機械設計上也不可或缺，這在3D CAD中稱為**組合件**。我們在這邊就先讀取前面的零件作圖，試著練習結合複數零件的特定部位吧！

　　進行結合作業時，3D CAD有個很方便的功能是能進行**模擬動畫**，模擬圖面設計的機械實際上將如何運轉。使用3D CAD模擬連桿機構、齒輪機構等機械的運轉，在電腦畫面上進行確認的作業，稱為**機構分析**[5]。藉由機構分析，可在實際準備

圖1　機構分析。2枚齒輪的模擬動畫。

5　機構分析，Solidworks中稱為動作分析。

機械各零件前進行確認，若發現設計上有零件相互干涉的情形，能夠馬上給予修正。

即便設計出能夠運轉的機械構造，若運轉時因強度不足而毀損，仍舊沒有達成設計目標。因此，進行機械設計時，需要了解各零件的受力情形、變形程度，以確保這些落在安全範圍內。然而，若是複雜的3維形狀，各部分的受力情形與變形程度，便難以手算或者透過電子計算機處理。

使用3D CAD對設計的圖面進行模擬，馬上就能知道某零件特定部位受力時，受力最大與變形最多的部位。這稱為**應力分析**。藉由應力分析，可以了解機械各部分的受力情形、變形程度，確保這些沒有超過設計界限。

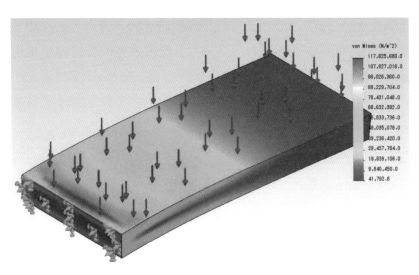

圖2 應力分析
左端固定的橫梁受到均勻分布載重

圖2是左端固定的橫梁受到均勻分布載重時，各部分的應力大小，愈紅表示所受應力愈大。

　　另外，關於機械的運作，我們也常模擬機具周圍的水、空氣等流體，像是風車以某速度旋轉時周圍的空氣流動，飛機機翼周圍的空氣流動，水車旋轉時的水流流動等。

　　其他類似的分析，還有模擬機具周圍的熱流動，像是汽車引擎周圍的熱流動，冷卻風扇散熱電子零件的熱流動等。

　　像這樣利用電腦視覺化氣體、流體的流動，作成流速、壓力的分布，顯示溫度分布變化的技術，稱為**熱流體分析**。在進行機械設計時，在作業前需對這些現象有一定程度的了解。

　　事實上，執行這類作業的軟體早已存在，稱為**CAE**（Computer Aided Engineering），這是不同於CAD的軟體。如今，也有在開發有別於CAD的高機能分析軟體。另一方面，近年隨著電腦的處理速度不斷提升，3D CAD能夠進行的分析作業也有增加的趨勢。

　　另外，輸入CAD作成的形狀數據，用以製作數控工具機NC程式的技術，稱為**CAM**（Computer Aided Manufacturing），這也是不同於過往CAD的軟體。近年來，也出現了結合CAD與CAM的通用軟體。

機構分析

①模擬連桿機構

‧四連桿機構的模型製作

寬16mm、厚8mm，長分別為48mm、98mm、108mm、128mm的四連桿，分別於離兩端8mm處開鑿直徑8mm的孔洞，插入直徑8mm、長16mm的軸銷，用以活動連桿。四連桿的配置如圖4所示，試作活動最短連桿時，能帶動其他連桿做搖擺運動的四連桿機構模型。另外，可嘗試在最短連桿上設置「馬達」，試作此機構自動轉動的模擬動畫。

銷
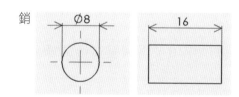

連桿
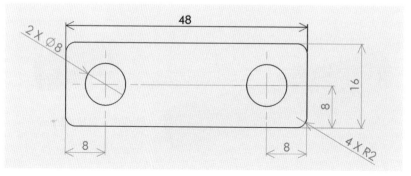

圖3 四連桿機構的零件。48mm連桿的長度尺度會改變。

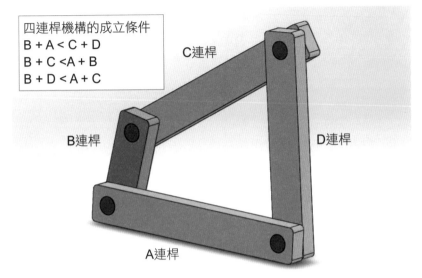

四連桿機構的成立條件
B + A < C + D
B + C < A + B
B + D < A + C

C連桿

B連桿

D連桿

A連桿

圖4　四連桿機構

作圖範例

（1）繪製連桿

　　先繪製最短的連桿B，再改變長度的數值，完成其他連桿。

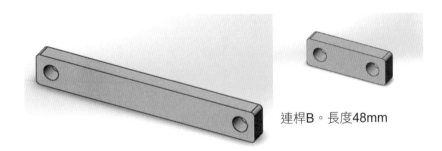

連桿B。長度48mm

連桿A。長度128mm

連桿C。長度108mm

連桿D。長度98mm

圖5　繪製連桿

（2）繪製銷

　　繪製圓柱狀的銷時，可先作其中1個軸銷，再複製完成4個軸銷。

圖6　繪製銷
銷是直徑8mm的圓 × 長16mm

機械男：連桿機構除了習自機械設計之外，還結合了前面的圖形製作。接下來終於要進入結合零件的組合件了，一想到能作出實際可動的機件，我就興奮得不得了！

（3）開始組合

分別讀取連桿，對準兩連桿的銷孔。

首先，結合底座連桿A與最短的連桿B。

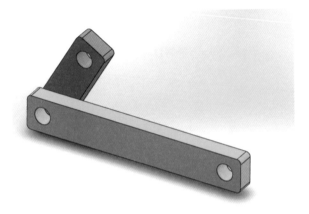

圖7　連桿A和連桿B的結合

接著，結合連桿A另一側孔洞與連桿D。

圖8　連桿A與連桿D的結合

最後，結合連桿C對與桿B、連桿D，在所有孔洞插入銷。

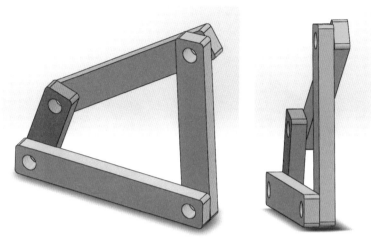

圖9　連桿C與連桿B、連桿D的結合

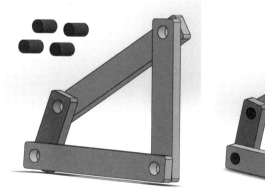

圖10　插入銷

機械男：原來連桿機構是透過這樣組合零件完成的，真是太有
趣了！

此時，用滑鼠選擇連桿B進行拖曳，可帶動其他連桿轉動。

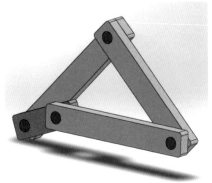

圖11　　連桿運動的確認

機械男：四連桿機構動起來了，真厲害！轉動機械構造中最短的連桿B、連桿C會跟著在一定範圍內做搖擺運動。搖擺的角度可用餘弦定理來計算。

電子女：但是，使用滑鼠拖曳轉動似乎不夠安定，有其他方法能讓它穩定轉動嗎？

技術教授：妳問的很好。這套軟體自帶充實的模擬機能，當然能夠做到。我們可以在最短的連桿B上設置「馬達」，設定每分鐘30轉來模擬連桿的運動。

機械男：還有這樣的功能啊～這樣的話，我想用在機器人競賽上的撿球裝置，就能使用這個四連桿機構，在畫面上進行模擬，確認動作了！

技術教授：沒錯。你可以將這邊學到的各種技巧，全部應用到機器人設計上喔！

　　技術教授說完，馬上開啟設定馬達的視窗，在旋轉速度欄裡輸入「30rpm」，開始模擬動畫。

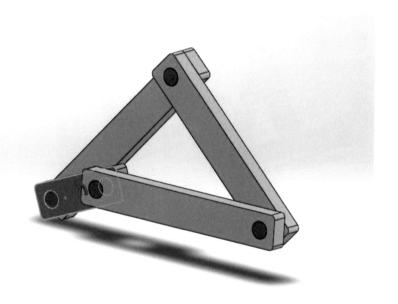

圖12　對最短的連桿B，設置「馬達」

機械男：哇～好酷喔！這樣就能清楚看見機械裝置是如何動作了！

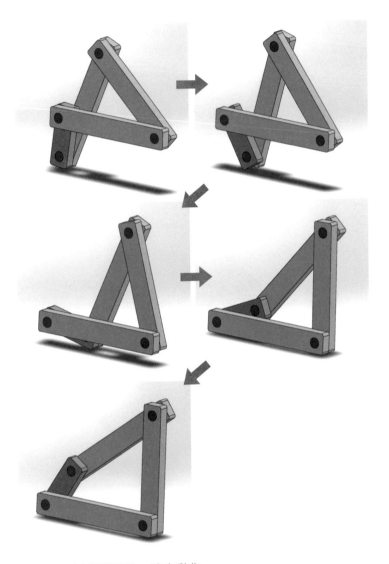

圖13　四連桿機構的一連串動作

電子女：哇～真厲害！可以自動旋轉耶！這好有意思！

技術教授：除此之外，還可以用輪廓線表示或改變物件的顏色，僅僅製作1個組合件，就能有許多不同的變化喔！

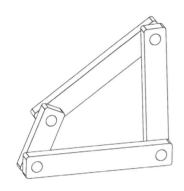

圖14　僅用輪廓線表示

圖15　改變顏色的物件

機械男：沒想到**3D CAD**有這樣便利的機能，這應該可以直接使用在簡報上。我也想挑戰模擬目前我正在設計的振翅機器人。

電子女：我覺得你馬上就想設計振翅機構，會不會太心急了？雖然我精神上支持你啦⋯⋯我也會努力學習的！

②模擬齒輪機構

・齒輪機構的模型化製作

　　製作模數5、齒數16枚及48枚正齒輪旋轉的模型，齒數較少的齒輪設定每分鐘30轉，請試作此齒輪機構的模擬動畫。

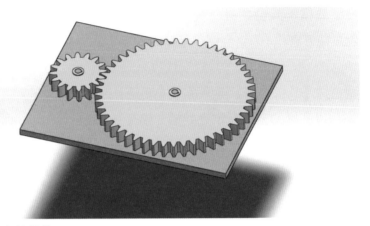

圖16　齒輪機構

作圖

（1）作成齒輪

　　設定小齒輪Z1 = 16、大齒輪Z2 = 48，由於齒輪的模數需相同才能咬合，兩齒輪的模數皆設為5。

圖17　小齒輪的設定

屬性
模數
5
齒數
16
壓力角
20
齒寬
20
輪轂類型
Type B
輪轂直徑
18
全長
4.5
名義軸徑
10

模數　5

點選正齒輪後，會彈出要求輸入模數、齒數等數值的屬性對話框，輸入各項數值：壓力角20°、軸徑10mm、輪轂直徑18mm、全長4.5mm。其餘欄位輸入適當的數值。另外，輪轂類型選擇【Type B】、鍵槽選擇【鍵角】，儲存為「gear1」。

以同樣的方式設定大齒輪，儲存為「gear2」。

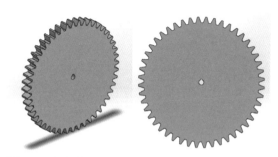

圖18　大齒輪的設定

（2）作成齒輪旋轉的底座

為了推測需製作的底座大小，需先計算齒輪咬合時的尺度。

由齒輪的基本公式$d = mz$（直徑＝模數 × 齒數）可知，gear1與gear2的節圓直徑分別為$d_1 = 5 × 16 = 80$、$d_2 = 5 × 48 = 240$，中心距離 a 等於兩半徑相加，$a = 40 + 120 = 160$。由這些數值可知，2枚齒輪囓合時的橫寬為320mm，縱寬為大齒輪的直徑240mm。

以這些數值為依據，底座的大小應比橫寬、縱寬的最大值再多出20mm，推得尺度為340 × 260mm。另外，板厚設為10mm。在底座兩軸心的表面點選【伸長】，拉高22mm。

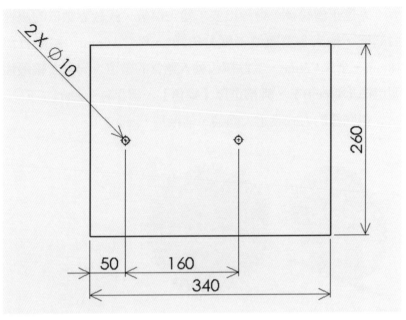

圖19　底座的圖面

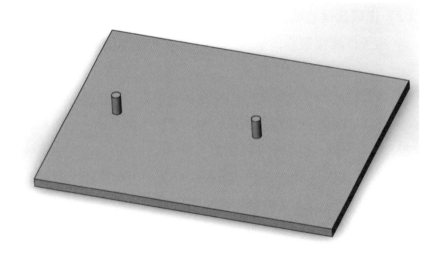

圖20　底座的模型

（3）組合齒輪與底座

點選「組合件」，讀取底座數據後，插入2枚齒輪。此時，齒輪會隨機出現在畫面上，接下來與連桿機構的作法相同，結合齒輪中心與軸。

圖21　底座與齒輪

點選「結合」組合兩齒輪與軸。此時，用滑鼠選擇小齒輪轉動，會發現無法跟大齒輪嚙合，直接穿過去。為了避免這樣的情形，請點選「**機械結合**」的設定，分別輸入齒數等數值後，兩齒輪才能夠嚙合。

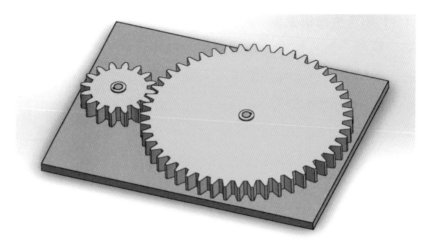

圖22　齒輪機構的模型

　　放大齒輪的嚙合部分，可以清楚看到兩齒輪充分嚙合在一起。

圖23　嚙合部分的放大圖

機械男：哇～好厲害！雖然連桿機構很有趣，但齒輪機構也很帥氣！

電子女：我也這麼認為。設置「馬達」指令後，這也能自動旋轉對吧？趕快來試試跟連桿機構相同的指令吧！

圖24　在小齒輪設置「馬達」

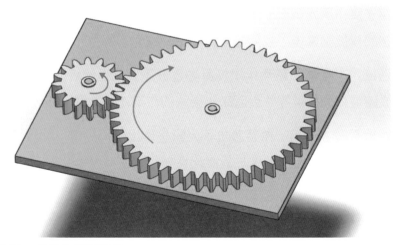

圖25　齒輪的模擬動畫

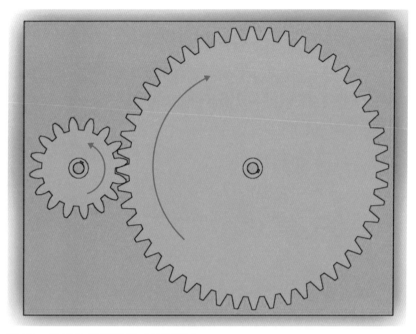

圖26 齒輪的模擬動畫（俯視圖）

電子女：開始轉動了。3D圖面還可從不同的角度觀看。完成這樣的模擬動畫後，我開始期待後面的零件組裝了。

機械男：是啊！雖然作出模擬動畫很重要，但最終的目的還是要讓實際的機械零件動起來，後續的作業才是關鍵。

技術教授：沒錯。希望各位不光只是作出模擬動畫，而要將這個結果活用到實際的機械設計與機械製造上。

　　若將齒輪的中心距離維持在160mm，也能作成3枚齒輪的齒輪機構。圖27是3枚齒輪相互嚙合的齒輪機構模型。

　　在這個模型中，1枚小齒輪會牽動大齒輪轉動，再帶動另一枚小齒輪旋轉。若2枚小齒輪的大小相同，則2枚小齒輪的旋轉速度會相同。

圖27　　3枚齒輪的嚙合

技術教授：這剛好是前陣子機械設計的課程內容。各位在接觸3D CAD時應該都能感受到，3D CAD不單是繪製圖面的工具。就算記熟各種指令，如果沒有機械設計的知識輔助，仍舊無法繪製圖面。藉由學習3D CAD了解機械設計的重要性，對往後製作物件時會產生很大的幫助。

應力分析

　　在3D CAD設計圖面上，模擬某零件特定部位的受力情形，了解哪裡受力最大與變形最多的作業，稱為**應力分析**。

　　常作為材料強度指標的有**應力**與**應變**。應力用來表示平均單位面積上的受力作用。應力分析用於掌握機械零件的受力狀況，以及是否低於強度的基準值等數據。

　　例如，截面積400 mm²的圓棒，受力196kN的張力載重，由下述公式可知應力為 $\frac{196 \times 10^3}{400}$ = 490 [N/mm²]。

$$應力 = \frac{力 (N)}{截面積 (mm^2)}$$

　　即便強度足夠，有時材料還是會出現變形，因為光憑應力的計算無法充分了解材料變形的情況，因此需要另一項指標——應變，表示相對原本長度的長度變化量。

　　例如，長100mm的材料，受張力載重變形0.01mm，由下述公式可知應變為 $\frac{0.01}{100}$ = 0.0001。

$$應變 = \frac{長度變化量}{原本長度}$$

②模擬應力分析

・懸臂樑的均勻分布載重

在截面積50 × 10mm的長方形，單側固定長150mm的碳鋼懸臂樑，假設在上方施加整體受力1000N的均勻分布載重，試求應力與應變的關係。

作圖

（1）作成長方形截面的橫樑，單側（左側）固定

圖28　橫梁的作圖

圖29　單側（左側）固定

（2）上方整體受力1000N的均勻分布載重

此時，輸入碳鋼材料的**物理性質數值**。

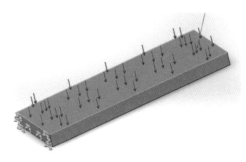

圖30　上方整體受力1000N
的均勻分布載重

（3）執行應力分析的模擬動畫

執行計算，使橫樑動起來。

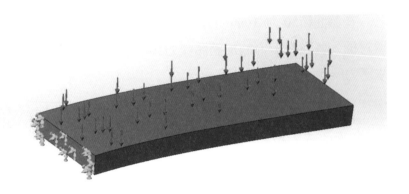

圖31　開始計算

（4）表示模擬結果

計算結束後，分別表示應力分布與應變分布的結果。

・應力

應力的模擬結果如圖32所示，應力大的地方為紅色、小的地方為藍色。由左端固定可推測左側所受應力較大，模擬結果如同預期。

機械男：模擬動畫真的很有趣，可以像這樣了解各部分受到的應力、產生的應變，實在是太方便了！

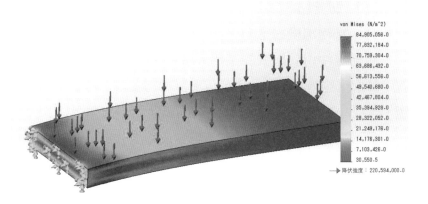

圖32 應力的模擬結果

• **應變**

應變的模擬結果如**圖33**所示，應變大的地方（變形大的地方）為紅色、小的地方為藍色。由右端未固定可推測右側的應變較大，模擬結果如同預期。

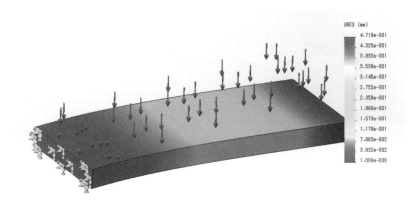

圖33 應變的模擬結果

由前面的模擬動畫，可以了解應力與應變的分布。應用於設計時，需特別檢討應力與應變最大值帶來的問題。換句話說，將此零件用於機械的某部分時，需要判斷是否會產生問題。針對這些判斷基準的數值，設計者需綜合性判斷並給予規範。

　　根據計算的結果，如有強度不足的地方，需再檢討材料的形狀大小，或者不改變形狀但換成強度更高的材料，再次進行計算。

・懸臂樑中央鑿洞的均勻分布載重

　　接著，在相同的懸臂樑中央開鑿直徑30mm的孔洞，試作此模擬動畫。假設載重同樣為1000N。

圖34　懸臂樑的模型

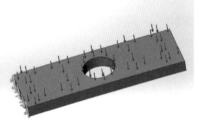
圖35　受力均均勻分布載重

　　應力的模擬結果如圖36所示。由圖可知，應力分布在鑿洞處出現變化。

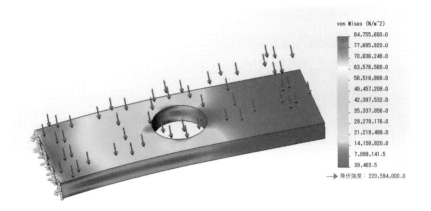

圖36　應力的模擬結果

　　應變的模擬結果如圖37所示。由圖可知，中央鑿洞不會影響應變分布。

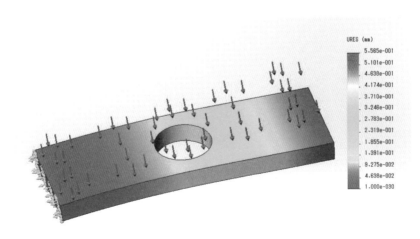

圖37　應變的模擬結果

機械男：模擬功能真的很方便，能以顏色來區分變化的大小。只要有這項功能，就不用練習機械設計的計算了！

技術教授：的確，有這樣簡單操作的模擬動畫，即便套用材料力學公式，也會得到相同的結果，但不能因此偷懶不動手計算喔！

機械男：嗯，我知道了！

　　統整機械製圖基礎的《3小時讀通基礎機械製圖》，加上前作《3小時讀通基礎機械設計》、《3小時讀通基礎機械製造》，包含基礎機械知識的三部曲，終於大功告成。

　　機械工學的世界受到技術進步的潮流推進，隨著電腦價位降低、2D CAD與3D CAD免費軟體問世，3D列印機、雷射加工機等數位工具機興起，數位製造更加貼近我們的生活。各地數位製造的工作坊不斷增加，製造的環境變得更為完善。最近，愈來愈多的人運用這些數位工具機，設計製造自己獨創的作品，將個人創意化為商品販售。

　　執筆當初，我原本是想要多著墨於3D CAD的記述，但隨著筆桿進行，發現初學者想要學習3D CAD仍然需要2D CAD的製圖知識，所以增加了2D圖面的說明。這其中最大的理由之一，是機械製圖的製圖規範多根據2D圖面作成。例如，在3D圖面的立體圖示，正視圖、俯視圖、側視圖構成的第三角法，屬於2D基本圖面，由這樣的圖面，腦中更容易浮現立體的圖像。與此相對，想在一張3D圖面上標註所有尺度，相當的困難。當然，即便不標註各部尺度，僅將存有該3D圖面的尺度數據，傳送到3D列印機中，照樣能夠輸出立體物件。

　　但是，本書的定位在於機械製圖。機械零件間的嵌

合、表面粗糙度，以及尺度公差、幾何公差等，仍需以2D圖面進行說明。另外，在齒輪、螺絲、彈簧等機械元件的製圖方面，2D簡易圖面的標註法也能幫助我們了解機械的基礎知識。

如今，藉由連結網路與商品的物聯網（IoT，Internet of Things）、導入生產前線的生產自動化（FA，Factory Automation）、大數據、感測器、運用AI等物聯網技術的融合，以結合工廠系統與網路為目標的智能型工廠，工業4.0等，如雨後春筍般發展起來。隨著科技日新月異，不難想像將來所有設計圖皆會改為3D CAD繪製，以電子數據交織串連。然而，現在仍舊經常可看到使用FAX傳送2D圖面。雖然2D CAD確定會逐漸移轉為3D CAD，將來講求一貫性的工廠也與日俱增，但2D圖面與3D圖面仍會持續共存一段時間。

希望各位讀者能夠理解未來機械製圖的走向，並以此為前提學習機械製圖的基礎，熟悉不同作業環境下最適當的CAD操作方式。但是，CAD終究只是支援製品設計的一種工具，期望讀者們能從多方面學習機械設計、機械製造的知識，並以此為根基，在圖面上展現獨樹一幟的創意。

門田和雄

索引

國家圖書館出版品預行編目資料

3小時讀通基礎機械製圖 / 門田和雄作；衛宮
紘譯. -- 二版. -- 新北市：世茂, 2022.06
　　面；　　公分 (科學視界；268)
　　ISBN 978-986-5408-89-3(平裝)

1.CST: 機械設計　2.CST: 工程圖學

446.194　　　　　　　　　　111003362

科學視界268

【新裝版】3小時讀通基礎機械製圖

作　　　者／門田和雄
譯　　　者／衛宮紘
主　　　編／楊鈺儀
責任編輯／曾沛琳
封面設計／LEE
出 版 者／世茂出版有限公司
地　　　址／(231)新北市新店區民生路19號5樓
電　　　話／(02)2218-3277
傳　　　真／(02)2218-3239（訂書專線）
　　　　　　(02)2218-7539
劃撥帳號／19911841
戶　　　名／世茂出版有限公司
　　　　　　單次郵購總金額未滿500元（含），請加80元掛號費
世茂官網／www.coolbooks.com.tw
排版製版／辰皓國際出版製作有限公司
印　　　刷／凌祥彩色印刷股份有限公司
二版一刷／2022年6月
Ｉ Ｓ Ｂ Ｎ／978-986-5408-89-3
定　　　價／340元

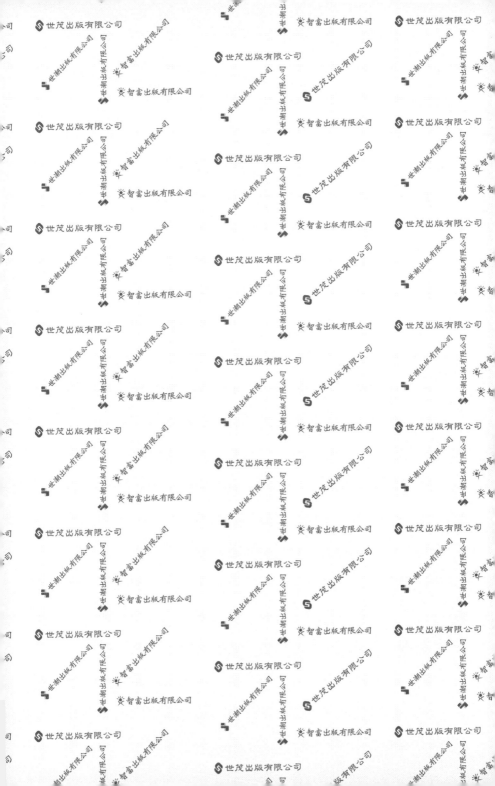